TIERE AUF DEM LAND

Das **Hunde**buch

Annette Hackbarth

TIERE AUF DEM LAND

Das Hundebuch

VON SCHÖNEN HUNDEN, SELTENEN RASSEN UND DEM WOHL DER TIERE

DORT–HAGENHAUSEN–VERLAG

Inhalt

Vorwort 6

Wie alles begann 8

Vom Wolf zum Hund 10

Hund und Mensch 14

Die Entwicklung von Schlägen und

Rassen 26

Erziehung und Ausbildung 38

Der Jagdgebrauchshund 44

Auf einen Augenblick 50

Berner Sennenhund 52 | Appenzeller
und Entlebucher Sennenhund 54 |
Spitz 56 | Deutscher Pinscher 58 |
Leonberger 60 | Westerwälder Kuh-
hund 62 | Gelbbacke 63 | Strobel
und Schafpudel 64 | Schwarzer 68 |
Harzer Fuchs 69 | Bergamasker
Hirtenhund 70 | Nova Scotia Duck
Tolling Retriever 72 | Retriever 74 |
Deutsch Kurzhaar 76 | Pointer 78 |
Großer Münsterländer 80 | Griffon 82 |
Hannoverscher Schweißhund 84 |
Deutscher Wachtelhund 86 |
Deutsche Bracke 88 | Teckel 90 |
Deutscher Jagdterrier 92 | Spinone
Italiano 94

Partner und Begleiter 96

Hund und andere Tiere auf dem

Land 98

Die Hunde vom Bau 118

Eierdiebe 122

Specials

Und der Wolf? 22

Schwarze Schafe unter Hunden 34

Und der Deutsche Schäferhund? 66

Hobbyschäfer für den Hund 71

Andere Länder, andere Hunde 95

Hunde und Ziegen 106

Hund unter Strom 109

Border Collie, Cattle Dog und Co. 110

Autoren, Quellen/Literatur 126

Adressen, Register 127

Liebe Leserin, lieber Leser,

Viele Klischees kreisen um die Mensch-Hund-Beziehung, sicher stimmen auch viele, sonst gäbe es sie wohl nicht. Es wird aber zunehmend übersehen, dass der Hund vor allem ein Nutztier war – und das im allerbesten Wortsinne. Dass eine gute Beziehung, Vertrauen und gegenseitiger Respekt die Zusammenarbeit effektiver, mindestens aber erfreulicher für beide Seiten machte, davon profitiert jeder Hundehalter auch heute. Warum und wie es dazu kam, dass Wolf und Mensch ein Bündnis eingingen, kommen wir gerade erst auf die Spur. Doch seit Jahrtausenden behütet er unser Vieh, verteidigt uns und unser Eigentum und hilft, uns zu ernähren. Mit seiner Anpassungsfähigkeit machte er sich unentbehrlich. Auch wenn sich in vielen Fällen das Aufgabenfeld des Hundes verändert haben mag – der Hund an sich selten.

Egbert Urbach, Hundekenner und Leiter der BJV-Landesjagdschule, widmet sich in diesem Buch den Jagdhunden und ist überzeugt, dass auch der Dackel erzogen werden kann. Dem Einwand, dass man ihn nur selten an der Straße laufen lassen könne wie einen Labrador Retriever, begegnet er mit dem Hinweis, dass er auch nie als Lawinenrettungshund die richtige Besetzung wäre. Fast jeder Hund hatte eine bestimmte Aufgabe, Rassen und Schläge entstanden, in denen sich spezielle Eigenschaften manifestierten, je nachdem, wofür sie gebraucht wurden. Barbara Welsch, Tierärztin und Fachjournalistin, schreibt über die meist weit unterschätzten „Bauernhofhunde". Sie sind Wächter und Hüter, Kinderfreund und Rattenfeind, und bringen, falls Idealbesetzung, auch noch die Küken abends in den Stall. Christel Simantke schließlich hat ihr Herz an die Altdeutschen Hütehunde verloren, bildet sie aus und koordiniert ihren Fortbestand in der Gesellschaft zur Erhaltung alter und gefährdeter Haustierrassen e.V. Sie beschreibt den Arbeitsalltag der Hunde, aber auch, ob und wie sie für andere, neue Aufgaben geeignet sind. Jeder Hundefreund sollte sich vor der Anschaffung über den jeweiligen, „Beruf" seines zukünftigen Begleiters informieren. So werden Missverständnisse im Vorfeld vermieden, die ein späteres Zusammenleben schwierig gestalten könnten. Wir laden Sie herzlich ein, uns auf die geschichtliche Spurensuche ebenso zu begleiten wie in die Gegenwart von Hund, Mensch und den Tieren auf dem Land – gemäß des Titels dieser Reihe.

Annette Hackbarth, August 2015

Wie alles begann

Seit 15 000 Jahren gibt es den Hund. Das war zumindest lange die herrschende Lehrmeinung. Doch moderne Analysemethoden haben offenbart, dass die gemeinsame Geschichte ungleich länger sein muss. Auch darüber, wie und warum Wolf und Mensch zusammenfanden, wird noch spekuliert. Beide müssen einen Nutzen davon gehabt haben, doch welchen, ist noch nicht ganz klar. Möglicherweise ist er viel profaner, als wir es uns je vorstellen wollten.

Vom Wolf zum Hund

W ölfe sind sehr soziale Tiere, doch was bedeutet das? Es konnte beobachtet werden, dass Mitglieder eines Rudels ein erwachsenes, verletztes Tier mit Futter versorgen genauso wie seine Welpen. Nicht nur Elterntiere kümmern sich um sie, sondern auch ältere Geschwister. Zudem gehen sie Beziehungen ein zu einer anderen Spezies, mit der sie auf den ersten Blick wenig gemein haben. Die Fähigkeit zu Kommunikation und gegenseitiger Nutzen verbinden.

Am Anfang war der Wolf. Das ist heute u. a. anhand von DNA-Analysen belegt. Noch bis Mitte des 20. Jahrhunderts glaubten nicht wenige Wissenschaftler – unter ihnen die renommiertesten wie Konrad Lorenz – dass unterschiedliche Hunderassen auch verschiedene Vorfahren haben.

Interessanterweise basierte diese Theorie vor allem auf unterschiedlichem Verhalten. Vereinfacht gingen demnach sehr adulte Rassen wie Chow Chow und Pudel auf den Wolf zurück, der Deutsche Schäferhund und Retrieverrassen auf den Goldschakal. Lorenz sprach von den Lupus- und den Aureushunden. Heute weiß man, dass sowohl hinter Leonberger wie auch Chihuahua der gleiche wilde Vorfahre steckt, der Wolf.

Auch wenn Erkenntnisse der letzten zwei Jahrzehnte ein anderes Licht auf einiges werfen, was wir früher annahmen, so ist doch die Lektüre gerade älterer Hundebücher wie die von Konrad Lorenz nach wie vor ein lehrreiches Vergnügen. Die Zuneigung und der Respekt, die auf den Seiten spürbar werden, bieten mehr Einblicke in die Hundeseele – und auch die der Autoren – als es heutige wissenschaftliche Abhandlungen oft zustande bringen. Irgendwie kam es schwer aus der Mode, dass Tiere einen Charakter haben oder gar Persönlichkeiten sind.

Hetzjäger, Beutegreifer, Familientier

Der Wolf lebt und jagt im Rudel. Dies ist nicht etwa ein bunt zusammengewürfelter Haufen, es ist ein Familienverband, bestehend aus den Elterntieren und dem Nachwuchs, oft aus zwei oder gar drei zurückliegenden Würfen. Von den älteren sind einige ausgezogen und streifen durch die Lande, bis sie ein für sich geeignetes Revier gefunden haben. Kommt ein passen-

Ein Wolfsrudel besteht aus den beiden Elterntieren und ihrem Nachwuchs, also einer Familie. Und die steht zusammen.

der Partner hinzu, gründen sie ihrerseits einen Familienverband. Andere leben noch bei den Elterntieren und helfen bei der Jagd und Aufzucht der jüngeren Geschwister. Dadurch wird auch klar, warum sich nur die sogenannten Alphatiere vermehren. Sie sind das Elternpaar und bleiben meist ein Leben lang zusammen. Spüren ihre Sprösslinge den Drang, sich fortzupflanzen, ist es Zeit zu gehen. Es kann auch geschehen, dass sie von den Eltern rausgeworfen werden, wenn die nämlich finden, dass es Zeit ist, auf eigenen Pfoten zu stehen. Jedes Revier verträgt schließlich nur eine bestimmte Größe der Familie.

Bilder von ineinander verbissenen Wölfen, die um Futter und Rangfolge kämpfen, unterwürfige Tiere, die am Boden kauernd ihre Rute unter den Bauch pressen und mit Beschwichtigungsgesten versuchen, Angriffe auf sich zu verhindern – diese Bilder hat uns die Gehegehaltung beschert. Sie haben das Image des Wolfs nachhaltig ruiniert, zusammen mit geschichtlichen Hintergründen wie den Ammenmärchen, die man Kindern erzählte, damit sie in der Nähe des Hauses blieben und nicht in den damals noch großen Wald liefen. Im Gehege können Jungtiere nicht abwandern, in der Vergangenheit wurden oft einander fremde Tiere zusammen gebracht nach dem Motto: So, nun macht mal schön, wir nennen das jetzt Wildpark. Auch in Zoos führen, und das nicht selten, Frust und Aggression zu Kämpfen, die für unterlegene Tiere sogar tödlich enden können. Man mag sich nicht vorstellen, was sie bis dahin durchgemacht haben.

Derart asoziales Verhalten ergibt sich nur in Gefangenschaft, und es ist nicht auszuschließen, dass die unnatürliche Haltung zu psychischen Störungen führt. In freier Wildbahn geschieht so etwas so gut wie nie, denn wer den Kürzeren zieht, kann ausweichen.

In der Natur kümmert sich der Familienverband um einander. Die Jährlinge gehen mit den Altwölfen auf die Jagd und ernähren die kleinen Geschwister mit. Auch erwachsene Familienmitglieder werden versorgt und beschützt, beispielsweise wenn eines verletzt ist. Kann ein erwachsenes Tier nicht mit auf die Jagd, wird es zumindest eine Weile mit durchgefüttert, dies konnte von mehreren Wolfsforschern beobachtet werden.

Die Sprache der Wölfe

Kommunikation spielt eine große Rolle, schließlich besteht nicht nur bei der Jagd eine ausgeklügelte Rollenverteilung. Die Tiere wissen voneinander, wer der Schnellste und der Stärkste ist – und wer nicht. Danach hetzen die einen, andere schneiden dem ausgewählten Beutetier den Weg ab oder bringen es zu Fall. Demjenigen, der zu Hause bleibt, um den Babysitter zu spielen, muss dies ebenfalls mitgeteilt werden. Die Mitglieder eines Rudels haben unterschiedliche Talente und Fähigkeiten, die sich auch in unseren Hunden wiederfinden. Wie die Wölfe eines Rudels unterschiedliche Rollen verteilen, ist eine der vielen noch ungeklärten Fragen der Verhaltensforschung. Zudem kommunizieren sie nicht nur untereinander,

sondern auch mit speziell einer anderen Spezies: Raben. Die Wolfsforscher Günther und Karin Bloch sprechen sogar von gemischten Gruppen aus beiden Tierarten, da die Mitglieder miteinander sozialisiert sind. Bestimmte Raben lernen die Wölfe schon als Jungtiere kennen und umgekehrt, und trotz aller Unterschiedlichkeit spielen sie sogar miteinander. Was die Tiere davon haben: Raben zeigen z. B. den Wölfen verendete Tiere an, führen sie dorthin, die Säugetiere brechen den Kadaver auf und lassen auch den Vögeln ihren Anteil. Es scheint also keineswegs so, dass Wölfe sich nur auf ihresgleichen prägen und nur mit ihnen sozialisieren – eine wichtige Voraussetzung für den weiteren Verlauf der Geschichte, wie denn nun aus dem Wolf ein Hund werden konnte. Erst einmal aber mussten Mensch und Wolf beschlossen haben, irgendwie zusammenzufinden – aber wann? Und warum?

Hund und Mensch

Voraussetzung für ein Bündnis ist, dass man sich nicht ständig gegenseitig essen will. Irgendwann hat uns der Wolf von seinem Speiseplan gestrichen. Lag es daran, dass es leichtere Beute gab? Und war es umgekehrt genauso? Trotzdem fand man sich möglicherweise aus ganz anderen Gründen nicht uninteressant. Dass jemand ganz zu Anfang einen jungen Wolf gefangen und gezähmt hat, ist zwar nicht undenkbar, aber eher unwahrscheinlich. Eine Beziehung, die so lange Bestand hat, hat vermutlich ein breiteres Fundament.

Seit wann der Hund den Menschen begleitet, diese Frage wird neu diskutiert dank moderner Analysemethoden. In den letzten Jahren haben sich ganz neue Möglichkeiten aufgetan, beispielsweise was die Datierung von Knochenfunden betrifft, vor allem aber DNA-Analysen zur Bestimmung ihrer Herkunft. Bis vor einigen Jahren wurde noch angenommen, der Hund begleite den Menschen seit 15 000 Jahren. Leise Zweifel gab es schon länger, denn 1975 wurde im Altai-Gebirge in Sibirien ein Tierschädel geborgen, der 33 000 Jahre alt ist und einem Hund ähnlicher sein sollte als einem Wolf. Dies bestätigten im Frühjahr 2013 DNA-Analysen des Instituts für molekulare und zelluläre Biologie in Novosibirsk – tatsächlich handelt es sich um einen Hund.

Bereits fünf Jahre zuvor konnte ein Archäologen-Team um Mietje Germonpré vom Belgischen Institut für Naturwissenschaften einen prähistorischen Hundeschädel auf ein Alter von 31 700 Jahre datieren. Gefunden wurde er in der Höhle von Goyet nahe der belgischen Stadt Namur. Mindestens zwei Knochenfunde an unterschiedlichen Orten in Europa legen den Schluss nahe, dass Wolf und Mensch sich schon viel früher näherkamen als bisher angenommen, mindestens vor 40 000 Jahren. Dies erscheint umso wahrscheinlicher, da der moderne Mensch sich zu dieser Zeit, aus Afrika kommend, in Europa ausbreitete und sämtliche seiner Vorläufer vollständig verschwanden. Mit ihnen wäre vermutlich auch ein bereits existierendes Band zum Wolf bzw. Hund verloren gegangen.

Darüber, wie nun Mensch und Wolf zusammenfanden, kursieren diverse Theorien. Hier eine kleine Auswahl:

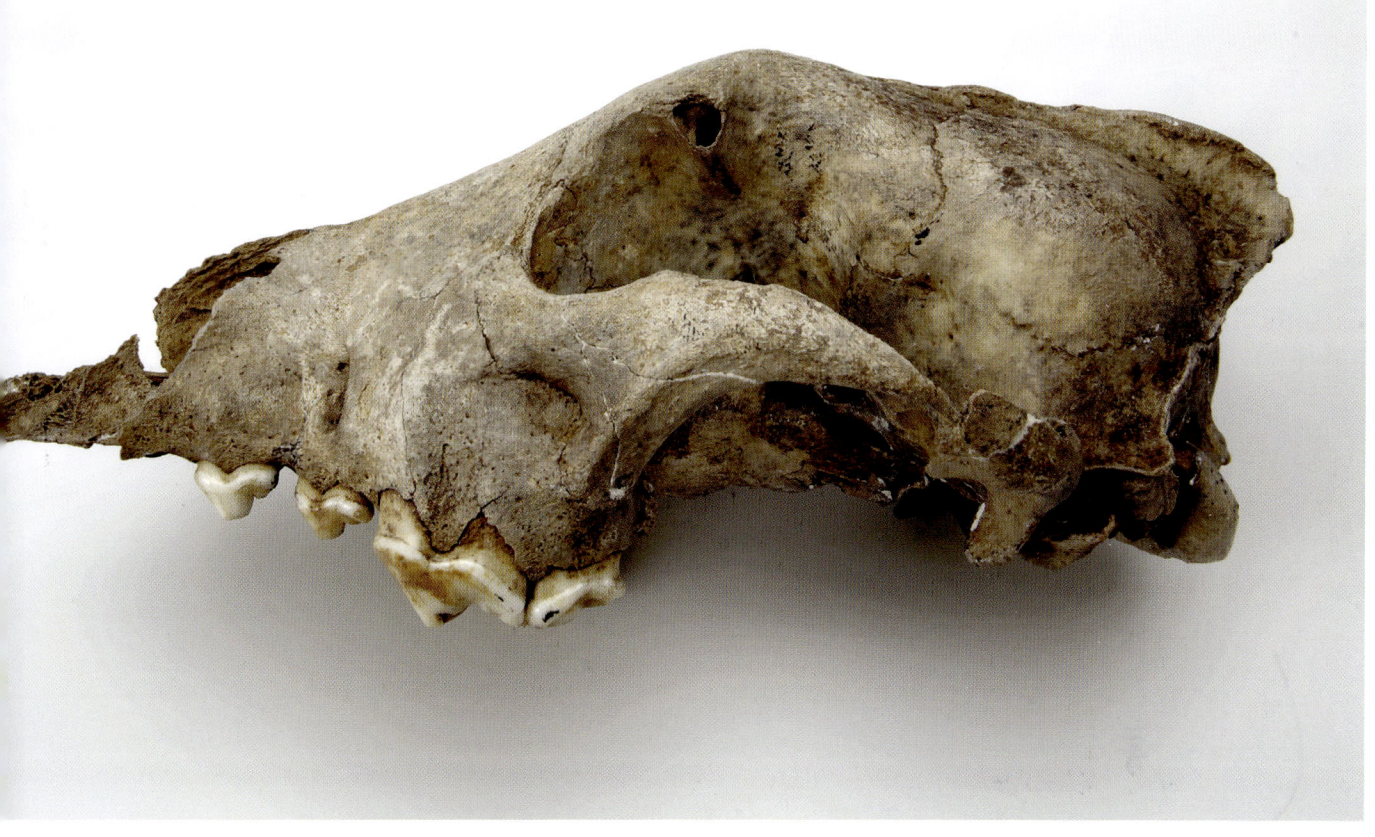

Theorie 1: Die Menschen von damals gingen mit dem Wolf gemeinsam auf die Jagd.
Hübsch, aber vermutlich falsch, schon aus rein praktischen Gründen. Wir sind einfach viel zu lahm, um mit einem Wolfsrudel mithalten zu können. Wölfe haben uns die Beute zugetrieben und wir haben sie dann erlegt? Ebenfalls wenig überzeugend. Dafür wäre eine sehr komplexe Kommunikation notwendig, auch hätte sich der Mensch bestimmt nicht mit den Portionen der Raben zufrieden gegeben.

Theorie 2: Ein kleines Mädchen findet einen Wolfswelpen, bringt ihn mit nach Hause in die Höhle, zieht ihn groß und prägt ihn auf sich.
Noch hübscher, doch wenn die Tiere geschlechtsreif werden, ziehen sie in der Regel von dannen. Auch, wenn der eine oder andere geblieben wäre: Dieses Szenario hätte sich mehr oder weniger gleichzeitig an vielen Orten der Erde zugetragen haben müssen. Unwahrscheinlich. Das heißt nicht, dass es solche Einzelfälle nicht gegeben hat, doch sie allein erklären die Domestikation des Wolfes nicht.

Finde das Motiv, dann hast du den Täter

Es ist wie in jedem Krimi – wenn die richtigen Antworten noch fehlen, stelle die Frage nach dem Motiv. Wer also profitierte am ehesten von einer Mensch-Wolf-Beziehung? Für eine Beziehung, wie sie sich an mehreren Orten parallel entwickelt hat, mussten beide Seiten deutliche Vorteile finden, doch für wen waren sie bei der ersten Annäherung ausschlaggebend?

Theorie 3: Der Wolf hat sich dem Menschen angeschlossen, weil er es auf seine Abfälle abgesehen hatte.
Schon wahrscheinlicher, wer selber so ein Müllmonster zu Hause hat, nickt heftig Zustimmung. Aber: Wie viel Abfall wird so ein Jungsteinzeitmensch wohl produziert haben? Gemeinhin wird angenommen, Beutetiere seien praktisch vollständig verwertet worden. Zu bedenken gilt aber, dass Methoden zur Haltbarmachung bis vor 4000 Jahren weitgehend unbekannt waren. Erlegte also eine umherziehende Steinzeitsippe ein größeres Beutetier, war es nicht immer bis zum Verderb vollständig verzehrt. Dies war natürlich auch davon abhängig, welche klimatischen Bedingungen jeweils herrschten.
Die Sippe hatte also ein größeres Beutetier, zum Beispiel ein Przewalskipferd, erlegt. Dies musste vor Ort zerlegt und, was nicht sofort gegessen wurde, zum Lager getragen werden. Sicher ist da einiges zurückgeblieben, was das Heimschleppen nicht lohnte. Um diese Reste haben sich Wölfe sicher gern gekümmert und es dürfte sich für sie gelohnt haben, immer mal aus sicherer Entfernung zu gucken, ob der Mensch sich zur Jagd anschickt. Wir kennen das ja auch: Schon lange, bevor wir zur Jacke greifen, weiß unser Hund, dass es losgeht. Insbesondere Tätigkeiten, die darauf hinweisen, dass er uns begleiten darf, rufen Begeisterung hervor. Bei den einen sind es die Joggingschuhe, bei anderen Reitstiefel. Einige Wölfe haben sicher gelernt, dass Menschen, wenn sie mit Bogen oder Speer bewaffnet sind, nicht zum Pilzesammeln gehen und es sich lohnen könnte, ihnen zu folgen. Manche haben sich vielleicht sogar auf den Menschen als Nahrungslieferanten spezialisiert – was eine einseitige Bindung befördert haben dürfte.
Was aber hätte der Mensch davon und darum den Wolf als Nahrungskonkurrenten geduldet? Möglicherweise lohnte es nicht, Wölfe zu bekämpfen, da sie sich erst am erlegten Wild gütlich taten, wenn der Mensch es aufgegeben hatte. Insofern war der Aasfresser Wolf möglicherweise dienlich, da der Geruch verderbenden Fleisches noch viel größere und gefährlichere Tiere angelockt hätte, zum Beispiel Bären. Und falls doch einer auftauchte, würden die Wölfe versucht haben, ihn zu vertreiben, wie es noch heute Rudel beispielsweise in Finnland tun. Das wäre durchaus auch nützlich für in der Nähe lebende Menschen gewesen.

Theorie 4: Der Wolf hat sich dem Menschen angeschlossen, weil er es auf solche Abfälle abgesehen hatte, die der Mensch gern losgeworden ist. Und die wären?

Oben: Höhlenmalereien aus der jungen Bronzezeit in der Magura-Höhle. Sie liegt im heute bulgarischen Teil des Balkans.

Rechts: Hunde suchen in einem Müll-container in Dhaka, Bangladesh, nach Fressbarem.

Wölfe und Hunde fressen Kot, manche sind sogar ganz versessen darauf, warum ist noch nicht geklärt. Aber kann es sein, dass, wenn sie es nicht täten, jetzt vielleicht gar kein Hund bei Ihnen auf der Couch säße?

Dies stützt eine Beobachtung des verstorbenen Verhaltensforschers Erik Zimen bei den Turkana, einer Volksgruppe im Nordwesten Kenias: „Eines Mittags sitze ich im schütteren Schatten eines trockenen Dornbuschs und beobachte das jetzt träge Leben in der Manyatta. Die Frauen liegen mit ihren Kindern in den Hütten und warten, bis die schlimmste Hitze vorbei ist. Ein kleiner, nackter Junge kommt langsam aus einer Hütte, geht auf den offenen Platz zwischen den Hütten, setzt sich hin und verrichtet sein Geschäft. Schlagartig fällt mir ein, wie sauber es überall um die Hütten ist. Kein Unrat, kein Menschenkot ist zu sehen, obwohl mindestens zehn Kinder im Alter des kleinen Jungen hier leben, und wenn die alle … Des Rätsels Lösung ist schon unterwegs. Träge aufgestanden, folgt einer der Hunde dem Jungen und frisst den Kot noch unter seinem Popo weg. Keiner schaut hin, keiner regt sich auf, nichts könnte selbstverständlicher sein. Und in der Tat ergeben meine Fragen, dass dies mit die wichtigste Funktion des Hundes überhaupt sei. Er hält nicht nur die unmittelbare Umgebung der Manyatta von Menschenkot sauber, sondern auch die ganz Kleinen. Jedes Mal, wenn sich ein Baby wieder dreckig macht, lockt die Frau den Hund durch ihre leisen Zischlaute. Manchmal kommen mehrere, doch nur der Hund der Mutter hat ein Recht auf den Kot. Ist ein anderer Hund vor ihm da, vertreibt er diesen sofort. Fein säuberlich leckt er dann das Kind sauber, danach auch mögliche Spritzer am Boden oder auf der Frau; der Hund als ‚Windelersatz‘ der Turkana. Wieder muss ich an die Wölfe denken, die ständig ihre kleinen Welpen sauberlecken und auch deren Kot im und vor dem Bau sofort auffressen, ja, sich nicht selten um die Pflege der Kleinen streiten. Nicht die Verwertung unverdauter Bestandteile des Kotes, wie dies bei vielen anderen Säugetieren der Fall ist, scheint die Funktion dieses Verhaltens zu sein, es dient vielmehr offensichtlich der Hygiene. Vor allem der leicht breiige, gelbliche und etwas süßlich riechende Kot der noch säugenden Welpen wird so entfernt. Den mit zunehmender Fleischnahrung fester werdenden Kot der älteren Welpen fressen die Wölfe nicht mehr. Dafür entfernen sich jetzt die Welpen selber immer weiter vom Bau und Spielplatz, um ihr Geschäft zu verrichten – genau wie die Turkana. Auch ihre Hunde fressen nur den Kot der Babys und der Kleinkinder. Alle anderen schlagen sich zum Verrichten der Notdurft in die Büsche der Umgebung. Der erste Hund als Kotvertilger der Babys, war das der unheroische Anfang unserer Zivilisation? Jedenfalls bedurfte dieses Verhalten des Wolfes keiner Entwicklung, keiner Zucht oder speziellen Ausbildung, um auch im Hausstand des Menschen von Anfang an von Nutzen zu sein." (aus: „Der Hund" von Erik Zimen)

Nun wird der Wolf nicht gleich mit der Kinderpflege begonnen haben, sondern erst einmal generell damit, dem Menschen hinterher zu putzen. Mancherorts ist es bis heute zumindest Bestandteil der Hundefütterung, unter anderem sehr weit im Norden, wo Menschen monatelang mit Proviant über einen langen Winter kommen müssen, von dem sie ihren Hunden

sicher nicht viel abgeben wollen oder können. Im Gegenteil, wurden früher Vorräte knapp, war auch ganz schnell einer der Hunde am Spieß – und dies galt für praktisch alle hunde-haltenden Völker.

Hübsch ist das nach heutigen Maßstäben zwar nicht, doch es spricht einiges dafür. Wölfe ha-ben Reste der Jagdbeute des Menschen vertilgt und sich so an seine Erscheinung und seinen Geruch gewöhnt. Im Gegensatz zum Menschen war der Wolf zwar standorttreu, Jungwölfe auf Wanderschaft könnten aber als Überlebensstrategie die Nähe des Menschen gesucht ha-ben, plötzlich auf sich allein gestellt, einsam und ausgehungert. Sie bedienten sich zudem an menschlichem Unrat, und der Mensch sah darin einen Vorteil für sich. Die meisten blieben Wölfe und zogen weiter, gründeten eigene Familien, doch manche blieben. In dem einen oder anderen Fall vielleicht auch durch das Lorenz'sche Mädchen, das einen Welpen aufgezogen hatte, zufällig ein Weibchen. Später wurde dieses läufig und vielleicht paarte sich ein junger Vagabundenwolf mit ihr und sie zogen ganz in der Nähe der Menschen ihre Nachkommen groß? Viele Szenarien sind denkbar und archäologische Zeugnisse geben bislang noch keinen eindeutigen Aufschluss. Doch so vielschichtig, wie die Mensch-Hund-Beziehung ist, und angesichts der vielen unterschiedlichen Orte, an denen sich erste Begegnungen von Mensch und Wolf mit gegenseitiger Annäherung zugetragen haben, liegt die Vermutung nahe, dass es die einfache und universal geltende Antwort nicht geben wird.

Der gegenseitige Nutzen führte zur verminderten Aggression beider Arten gegeneinander und im Zuge der Hundwerdung rückte das Tier immer näher an unser Lagerfeuer, begann, es wie sein eigenes Revier zu verteidigen – einer der folgenden Hauptnutzen für den Menschen – und wurde zum Gefährten.

Genetischer Ausflug – wie viel Wolf steckt noch im Hund?

Die Wissenschaft sieht bislang keinen Beleg dafür, dass Hunde Kot fressen, weil ihnen bestimmte Nährstoffe fehlen. Trotzdem tun sie es. Es ist nicht davon auszugehen, dass sie so irrational handeln wie wir angesichts des zweiten Glases Rotwein oder des fünften Stücks Schokolade, von dem wir wissen – es wird uns nicht gut tun – und es trotzdem zu uns nehmen. Oder doch? Die meisten Hunde hören nicht auf zu fressen, wenn sie eigentlich satt sein müssten und obwohl sie wissen, dass sie von uns beizeiten wieder einen wohl gefüllten Napf mit Futter bekommen werden. Aber Hunde sind auch keine Wölfe. Zwar stimmen ihre Gene zu 99,8 Prozent überein, doch betrachtet man einen Malteser und einen Wolf wird klar – die 0,2 Prozent Unterschiede wirken sich offensichtlich bereits rein äußerlich frappant aus. Und innerlich eben auch.

Vor etwa 10 000 Jahren wurden viele der Menschen in Europa sesshaft. Wer nämlich beginnt, Pflanzenbau zu betreiben, zieht nicht länger als Jäger und Sammler durch die Gegend, sondern kümmert sich um seine Äcker. Auf ihnen wuchs Getreide zum ersten Mal im größeren Stil, womit der Organismus des Steinzeitmenschen noch wenig hätte anfangen können. Was war passiert? Der späte Eiszeitmensch hatte eine Anpassung an die Verwertung von Kohlenhydraten entwickelt, insgeheim baute er seine Verdauung um und kann sie seither verstoffwechseln. Dies tat nicht nur er. Aber wie kam der Hund darauf, zusätzlich pflanzliche Kost aufzunehmen bzw. die Evolution dahingehend anzuschubsen, ihn mit zusätzlichen Enzymen auszustatten? Ein weiteres Indiz für die These, dass unsere Hinterlassenschaften eine Rolle in ihrer Ernährung spielten.

Wie gesagt, Chihuahua und Leonberger stammen vom Wolf ab, und alle Hunde teilen sich mit dem Wolf die DNA zu über 99 Prozent. Doch ein paar Gene haben sich verändert. Sie betreffen u. a. das zentrale Nervensystem und die Verdauung. Letztere legen die Vermutung nahe, dass Hunde damals buchstäblich als Kulturfolger unterwegs waren. Hat der Wolf auf jedem Chromosom je ein Gen für die Verdauung von Stärke, sind es beim Hund je 15. Ein Gen hat nur der Hund: Es ist der genetische Code für Maltase-Glukoamylase, ein Enzym für die weitere Verarbeitung von Stärke, das sonst nur reine Vegetarier wie Rinder besitzen, oder

SPECIAL: UND DER WOLF?

Der Wolf blieb, was er war. Er streift wieder durch Deutschland, wieder zwischen Verteufelung und romantisierter Verklärung eines gelegentlich hysterisch wirkenden Umfeldes. So berichtete die Presse davon, dass ein Wolf in Niedersachsen beobachtet wurde, wie er den Feldweg zu einem Waldkindergarten einschlägt. Es handelte sich vermutlich um ein auf der Suche nach einem geeigneten Revier umherwandernden Jungwolf. Vielleicht ein Nachkomme jener, die sich bereits in dem Bundesland erfolgreich angesiedelt hatten? Jedenfalls brach eine Welle der Empörung in sämtliche Richtungen los, an deren Ende immer das Totschlagargument steht: „Wenn ein Kind zu Schaden kommt, wollen Sie das verantworten?"

Konnte der Wolf mit der menschlichen Evolution bis hin zur Errichtung von „Waldkindergärten" rechnen, mit denen Erwachsene Kinder in den Wald locken, wo doch zig Generationen vor ihnen genau das Gegenteil taten? Und die es ihm nun verbietet, sich an dem einzigen Ort aufzuhalten, an dem er sich eventuell noch hätte sicher wähnen können? Anders gefragt: Ist der Wald heute ein Kinderspielplatz? Oder nur noch Amüsiermeile für Jogger, Mountainbiker, Reiter, Geocacher und Arbeitsplatz bzw. Einsatzort von Waldbauern, Förstern und Jägern? Oder ist er nicht vor allem das Zuhause von Wildtieren?

Auf der anderen Seite argumentieren jene, die den Wolf zwischen Mystik und Streichelzoo ansiedeln und ihm jede Wehrhaftigkeit absprechen. Wenn ein Wolf sich menschlichen Behausungen nähert und verträumt durch Vorstadtsiedlungen schlendert, darf man ihm dann nicht wenigstens einen Stein nachwerfen und ihn anschreien, damit er dort bleibt, wo er hingehört – wenn dort nicht gerade ein Waldkindergarten steht? Schon, damit er nicht menschlichen Müll als Nahrungsquelle entdeckt. Wir hätten heute so wahnsinnig viel mehr Abfall als in der Steinzeit. Der Wolf ist ein Beutegreifer, den Menschen hat er aber nicht im Beuteschema und noch nicht als Lieferant von Futter entdeckt. Dass es so bleibt, liegt vor allem an unserem Verhalten. Andererseits ist er sehr anpassungsfähig. Eine sachliche Diskussion mit besonnener Entscheidungsfindung wäre wünschenswert, scheint aber nahezu unmöglich.

Allesfresser – wie wir. Dies fanden Forscher verschiedener Universitäten Schwedens, Norwegens und den USA unter der Leitung des Genetikers Erik Axelsson heraus. Ihre Studie wurde Anfang 2013 veröffentlicht.

Der Hund ein (Fast-)Allesfresser? Hundefutterhersteller sind angetan, Puristen kreischen, Ideologen dementieren, aber so schlimm ist es gar nicht. Der Hund ist ein Fleischfresser mit der Fähigkeit, auch Kohlenhydrate zumindest teilweise und relativ weitgehend zu verwerten. Dennoch sind derartige Aussagen einigen ein Dorn im Auge – oder treffender: ein Stachel im Fleisch. Der Hund schläft im Bettchen, ob dem eigenen oder dem des Besitzers, ihm werden die Zähne geputzt und er wird mit dem Auto zur Welpenschule gefahren. Doch wenn es um die Fütterung geht, dann ist er ein Wolf, der naturnah und ursprünglich mit Fleisch, am besten „reinem" Fleisch, ernährt wird. Aber gemach – jeder kann seinen Hund so füttern und behandeln, wie er möchte, Hauptsache immer in der Absicht, ihm Gutes zu tun. Dabei sind nüchterne und vorzugsweise unabhängig gewonnene Informationen weitaus hilfreicher als Anschauungen.

Aus den Anpassungen im Oberstübchen schließen Wissenschaftler, dass sie vor allem das unterschiedliche Verhalten von Wolf und Hund wie Aggressivität und die veränderte Entwicklung der Jungtiere beeinflussen. Es scheint so, dass Hunde viel mit jungen bis halbwüchsigen Wölfen gemein haben, auch jene bellen, sind emotional völlig von den Elterntieren abhängig, deren Rolle der Mensch beim Hund übernimmt. Dieser wird im Gegensatz zum Wolf nie wirklich erwachsen. Und auch die Intelligenz hat sich verändert. So erkennt der Wolf mühelos, wie viele Stückchen Wurst ein Mensch in einen Behälter legt und nimmt – vor die Wahl gestellt – jenen mit mehr Wienerle, während der Hund stumpf nach dem Zufallsprinzip in der Hälfte der Fälle danebenliegt. Man muss es leider sagen: Im Zusammenleben mit dem Menschen ist einiges an Grips abhandengekommen. Dafür hat der Hund andere Eigenschaften hinzugewonnen wie die Fähigkeit, uns zu lesen wie keine andere Spezies der Erde. Bekommt er nämlich vom Menschen nur durch Blicke signalisiert, wo es sich eher lohnt, nach Fressbarem zu suchen, liegt er uneinholbar vorn. Auch Wölfe, die in Obhut des Menschen aufgewachsen sind, lernen dies praktisch nie. Der Hund ist nicht nur der älteste, er ist auch der engste Freund des Menschen. Die Fähigkeit, Mengen abzuschätzen, war für ihn spätestens nicht mehr relevant, sobald der Mensch dazu überging, für ihn zu sorgen.

Geschäfte auf Gegenseitigkeit

Saubermacher, Proviant und Alarmanlage gegen Sicherheit und Grundversorgung – so könnten die ersten Mensch-Wolf/Hund-Beziehungen ausgesehen haben. Diejenigen Tiere, die es besonders gut verstanden, sich Lieb-Hund zu machen, waren wohl auch die, die bei einem länger andauernden Nahrungsengpass des Menschen nicht auf dem, sondern neben dem

Feuer lagen: Die, die am zuverlässigsten anschlugen, wenn sich Feinde näherten, die aber auch wenig aggressiv beispielsweise gegenüber Kindern waren.

Sehr viel später bewachten sie das Vieh, vor allem wenig wehrhafte Arten wie Ziegen und Schafe, die vor etwa 12 000 Jahren domestiziert wurden. Fortan arbeiteten Hirte und Hund partnerschaftlich zusammen, darf vermutet werden. Sonst hätten die Hunde das Weite gesucht, sie waren vermutlich noch nicht in dem Maße vom Menschen abhängig wie heute – und bis heute sind es Herdenschutzhunde am wenigsten von allen. Sie arbeiten noch immer relativ selbstständig, ihre Prägung haben sie vor allem auf ihre Schutzbefohlenen und auch auf Menschen erfahren – ein Vorgang, der sich in grauer Vorzeit von allein dadurch ergeben haben dürfte, dass die Hunde, die sich menschliche Gesellschaft aussuchten, zwangsläufig auch mit dessen Nutztieren in nahen Kontakt kamen und sie darum als Teil des Rudels betrachteten. Der Hund wurde berufstätig.

Vor etwa 10 000 Jahren setzte die neolithische Revolution ein, und mit ihr tief greifende Veränderungen, die auch unsere Beziehung zum Hund prägte. Wie bereits erwähnt, wurden in vielen Teilen der Erde aus Nomaden, aus Jägern und Sammlern, sesshafte Bauern. Zuerst geschah dies im Nahen Osten, von wo auch die meisten Nutztiere zu uns kamen. Die Revolution brauchte einige Jahrhunderte, bis sie in Mitteleuropa ankam.

Bauern und Viehhalter mussten ihr Hab und Gut gegen mehrere Gefahren schützen: ihre Vorräte gegen tierische und menschliche Diebe, die Herden gegen Beutegreifer und ihre Felder gegen Wildtiere, die ihnen die Ackerfrüchte streitig machen konnten.

Nicht nur darum ging der Jungsteinzeitler auch als Bauer nach wie vor auf die Jagd, und es ist davon auszugehen, dass ihn dabei auch der Hund begleitete. Die Beziehung war gewachsen und hatte sich vertieft. Man verstand sich inzwischen sehr viel besser als zu den ersten, zögerlichen Anfängen. Der Mensch wusste, welcher der Hunde in seiner Umgebung passende Eigenschaften aufwies, andere als er sie zum Ziegenhüten benötigte: Eine gute Nase, um Wild aufzufinden, Schnelligkeit, um es verfolgen zu können und dem menschlichen Jäger zuzutreiben, und damit verbunden die Fähigkeit, mit ihm zusammenzuarbeiten. Anfangs diente die Jagd hauptsächlich dem Nahrungserwerb, doch mit der Entwicklung verschiedener Schichten, u. a. durch die Einführung der Sklaverei, wurde sie auch zu einem gesellschaftlichen Ereignis. Gute und schöne Jagdhunde zu haben, war Statussymbol und Garant für Anerkennung. Zeugnisse aus Ägypten berichten von anfangs wolfsähnlichen Jagdhundetypen mit Stehohren, die abgelöst wurden von windhundähnlichen Tieren, die auf Sicht jagten, das Wild hetzten und es auch zur Strecke bringen konnten. Die verschiedenen Einsatzformen von Hunden führten zu unterschiedlichen Typen, eine sehr frühe Vorläuferform dessen, was als Entwicklung von Hunderassen bis heute nicht abgeschlossen ist.

Doch was hatte der Hund davon? Je mehr er sich von seinem wilden Vorfahren entfernte, umso mehr wurde er auch abhängig, nicht nur was seine Versorgung betraf. Hat ein Hund einmal die soziale Prägung auf die Spezies Mensch erfahren, ist seine Gefühlswelt unlöschbar mit ihr verbunden.

Noch ist er nicht als Rassehund eingestuft, obwohl der Kangal vermutlich auf Vorfahren zurückblicken kann, die bereits 10 000 v. Chr. auf der anatolischen Hochebene Dienst taten. Auch andere türkische Herdenschutzhunde wie der Akbas, der Kars-Hund und der Anatolische Hirtenhund ähneln ihm in Statur und Fell.

Die Entwicklung von Schlägen und Rassen

Beringia, die Landbrücke nach Nordamerika, versank vor 10 000 bis 12 000 Jahren im Meer. Da war der Hund schon längst zum Begleiter des Menschen geworden. Auf fast allen Kontinenten spielte sich Ähnliches ab – die Ureinwohner Nordamerikas hatten ebenso Hunde wie die Menschen in Asien, Afrika und Europa. Beide passten sich unterschiedlichen klimatischen Bedingungen an und den Anforderungen, die die Umwelt noch an sie stellte. Der Hund darüber hinaus aber auch solchen, die der Mensch an ihn hatte. Der entdeckte allmählich, dass so ein Hund bereit war, noch einiges mehr zu leisten für „sein" Rudel, das ihm Schutz bot und ihn ernährte.

In Amerika waren es Universalhunde, groß und kräftig, die in Zeiten, bevor das Pferd wieder auf den Kontinent zurückkehrte, auch Lasten ziehen konnten. Sie gingen ebenso mit auf die Jagd und bewachten das Lager. In Afrika sind die Hunde der bereits genannten Turkana und anderer Ethnien lebende Beispiele für diese Zusammenarbeit. Alle Hunde, die bei ursprünglichen menschlichen Gesellschaften leben, können heute noch als Anschauungsbeispiele dafür dienen, wie unsere gemeinsamen Anfänge ausgesehen haben könnten. Von Hunderassen, wie wir sie heute kennen, war man noch weit entfernt, doch Klima und Anforderungen formten unterschiedliche Phänotypen. Die sogenannten Pariahunde aber verfügen fast überall über große Ähnlichkeit, und DNA-Analysen belegen, dass sie miteinander verwandt sind. Sie sind die ursprünglichsten ihrer Art.

Die ältesten Rassen sind die asiatischen, weshalb man lange dachte, dass die Domestizierung von dort ausging. Der Akita zählt zu ihnen, aber auch Korea Jindo, Shar Pei und Dingo. Alle drei weisen in ihren Genen noch spätere Einmischungen des chinesischen Wolfes auf. Sie kamen mit den Wanderungen verschiedener ethnischer Gruppen in die Regionen, in denen sie auch heute noch leben – der Dingo nach Australien und der Akita nach Japan. Der Shar Pei blieb erst einmal, wo er war, nachgewiesen mindestens seit 245 v. Chr. Er war der typische Bauernhofhund Chinas.

Dingo

Korea Jindo

Shar Pei

Charakterköpfe

Hunde alter und ursprünglicher Schläge haben einiges gemeinsam: Sie reagieren nicht in gewünschter Weise auf Zwang, sind zurückhaltend, insbesondere gegenüber Fremden – auch fremden Hunden –, aber normalerweise nicht aggressiv, und sie verteidigen Haus und Hof bzw. ihre Schutzbefohlenen, seien es Ziegen oder eine menschliche Familie. Das ist ihr natürliches Verhalten, das weniger mit einer Zugehörigkeit zu einer Rasse zu tun hat, sondern im Gegenteil eher damit, dass diese Hunde wenig Einmischung seitens des Menschen erfahren haben. Durchaus zwar eine Selektion über Jahrhunderte, doch jeden einzelnen hat man weitgehend selbstständig arbeiten lassen. Sie sind unabhängige Charaktere, die selbst entscheiden, damit aber in einer sehr urbanen Welt bisweilen an eine Grenze geraten. Deswegen sind sie im Allgemeinen keine geeigneten Gefährten in einer Umgebung, die nicht die ihre ist, Vorgarten im Vorort oder gar Zweizimmerwohnung mitten in der Stadt. Diese Hunde brauchen ein festes Umfeld, in dem sie eine klare Aufgabe haben. Diese können sie auch im Hundesport oder Rettungsdienst finden, was sehr engagierte Halter voraussetzt. Sorgen diese nicht für die nötige Befriedigung der jahrhundertelang angezüchteten Triebe wie Schützen oder Hüten, dann suchen sich die Hunde selbst eine Aufgabe – selten zur ungeteilten Freude der Besitzer.

Herdenschutzhunde waren wohl die ersten, die sich als Partner im Arbeitseinsatz in Europa etablierten. Vor allem in unwegsamen Regionen, die für einen Menschen schlecht zu übersehen waren, war ihr Einsatz von unschätzbarem Wert. Dort, wo sich Wölfe, Luchse oder Bären vom Menschen unbemerkt einer Herde nähern konnten, insbesondere nach Einbruch der Dunkelheit. Bis heute werden viele ihre Vertreter vom Verein für das Deutsche Hundewesen (VDH) unter der Kategorie „Berghunde" zusammengefasst. Die Hunde sollen auf eine Gefahr aufmerksam machen, also bellen, sich dem Gegner stellen, aber nicht aktiv angreifen. Zu tatsächlichen Kämpfen kommt es selten. Für einen Wolf und auch Bären ist das Risiko groß, zumindest verletzt zu werden, auch wenn es ihnen gelingen würde, den oder die Hunde zu besiegen. Die meisten ziehen es jedoch vor, sich eine Futterquelle ohne „Türsteher" zu suchen. In vielen Teilen der Erde tun Herdenschutzhunde Dienst. In aller Regel sind sie groß, kräftig, oft hell und haben dichtes und dickes Fell, das sie unempfindlich macht in eisigen Winternächten. Es schützt nicht nur vor Kälte, sondern auch, falls es doch zu Kämpfen kommen sollte.

Ihr Beispiel machte Schule. Der Hund, der es verstand, sich nützlich zu machen, bekam vermutlich mehr Futter, Aufmerksamkeit und Anerkennung – er verbesserte seine Überlebenschancen und damit auch die auf Fortpflanzung. Die Selektion auf menschendienliche Merkmale hatte längst eingesetzt und die Berufsfelder erweiterten sich stetig.

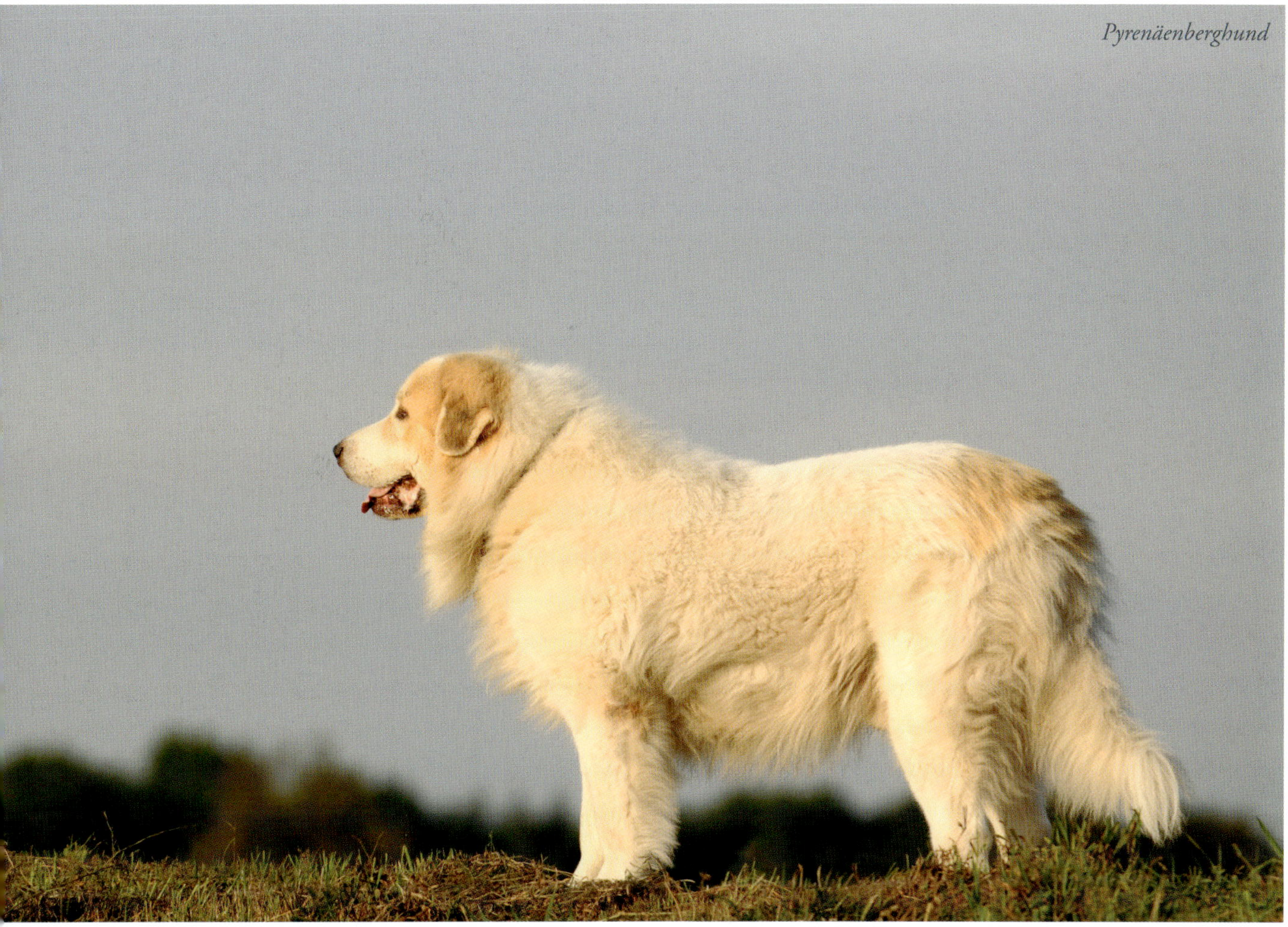

Pyrenäenberghund

Hüte- und Bergriesen

Herdenschutzhunde leben verlässlich in ihrer Herde, die sie im Bedarfsfall blitzschnell gegen Eindringlinge verteidigen. Mit der Rückkehr der Beutegreifer Wolf, Bär und Luchs in die europäischen Bergregionen werden auch die Fähigkeiten der Herdenschutzhunde wieder geschätzt und die Tiere zielgerichtet eingesetzt. Ob Maremmen-Abruzzen-Schäferhund, Ovtcharka, Kuvazc, Kangal oder Pyrenäenberghund – die helle Fellfarbe eint die Riesen der Berge Europas und Vorderasiens. Einerseits fügen sie sich farblich in die zu hütenden Herden, andererseits sind sie in der Nacht gut auszumachen und können nicht mit den Räubern verwechselt werden.

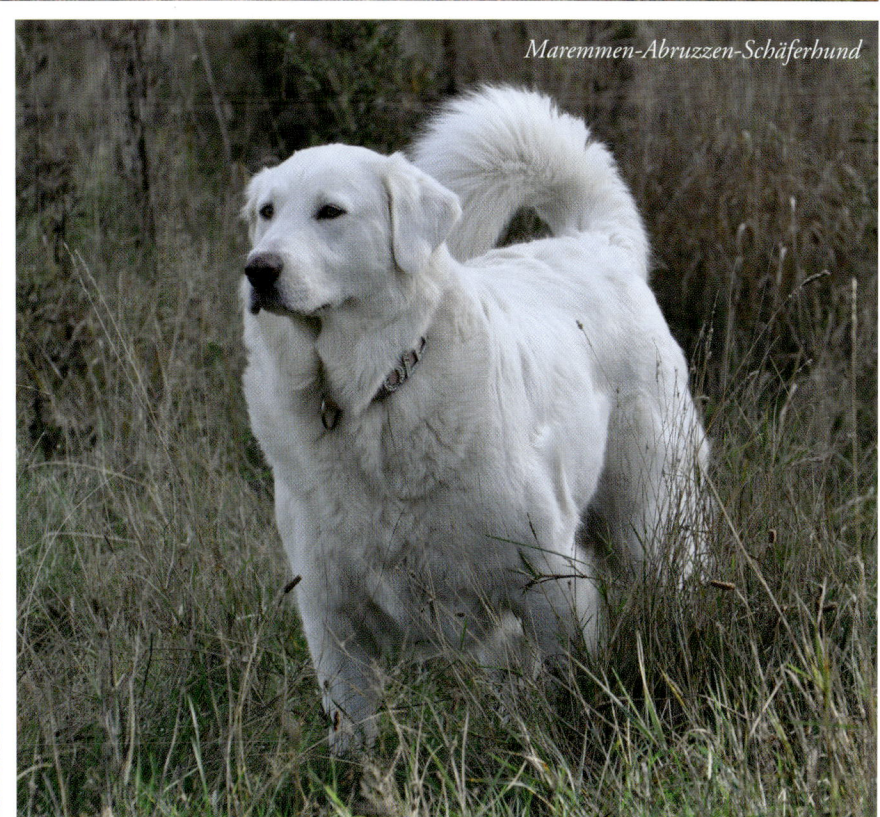

Maremmen-Abruzzen-Schäferhund

Die Bauernhunde

Robuste Multitalente

Sobald Menschen die ersten festen Hütten bezogen, Getreide anbauten und Vieh hielten, gab es auch Bauernhunde, die das Hab und Gut ihrer Menschen bewachten und beim Viehtrieb halfen. Als die Gesellschaften komplexer wurden und die adligen Oberschichten entstanden, wurde auch die Hundewelt in Klassen geteilt: Auf der einen Seite waren die Jagd- und Gesellschaftshunde – die verwöhnten Lieblinge des Adels – und auf der anderen Seite die Bauernhunde, die als Nutztiere gehalten wurden.

Während der Adel bei Jagd- und Gesellschaftshunden bereits früh bestimmte äußere Merkmale bevorzugte und Tiere mit dem gewünschten Erscheinungsbild gezielt miteinander verpaarte, wählten die Bauernhunde in der Regel eigenständig ihre Partner aus. Die „Liebesheiraten" der bäuerlichen Vierbeiner fanden meist ohne menschliche Kontrolle statt. Dennoch bildeten sich auch in bäuerlicher Haltung verschiedene Schläge ähnlicher Hunde heraus. Geformt wurden sie durch die Lebensbedingungen und die Aufgaben, die die Tiere zu erledigen hatten. Im rauen Klima Nordeuropas entwickelten sich daher beispielsweise Schläge mit dicker Unterwolle, die gut über den kalten Winter kamen, im Süden hatten auch Tiere mit weniger dichtem Pelz eine gute Überlebenschance. Hunde, die die Milchkarren zogen, mussten groß und kräftig sein, wohingegen Viehtreiber vor allem schnell und wendig sein sollten. Der Mensch griff dabei indirekt in die Zuchtwahl ein, indem er Hunde, die er nicht nützlich fand, vom Hof vertrieb oder tötete. Das mag grausam erscheinen, doch die meisten Bauern waren arm, zum Teil Leibeigene, und konnten froh sein, sich und ihre Kinder ernähren zu können.

Canis doctus

Gleichgültig ob Rasse- oder Mischlingshund – ein Bauernhund muss über viele Talente verfügen. Er muss mutig sein, eine schnelle Auffassungsgabe haben und bei Bedarf selbstständig handeln. Zum Treiben von Vieh, das bis zu 50-mal mehr Körpermasse auf die Waage bringt als der Hund, braucht er außerdem Grips, und das wusste man schon im frühen Mittelalter. Als gelehrte Hunde, „canis doctus" nämlich, bezeichneten Alemannische Rechtsgelehrte im 9. bis 12. Jahrhundert jene Bauernhunde, die die Schweine im Wald beim Fressen hüteten. Sie erkannten damit an, wie komplex und vielschichtig die Aufgabe des Schweinehütens war, denn die Tiere mussten das eigensinnige und durchaus wehrhafte Borstenvieh im unübersichtlichen Gelände selbstständig zusammenhalten und gleichzeitig Wölfe, Bären und räuberische Menschen vom Schweinebraten fernhalten.

Die Hunde behüteten nicht nur das Vieh auf der Weide, abends übernahmen sie auch den Wachdienst auf dem Hof. Dabei war es von essentieller Bedeutung, dass sie das Nahen von Fremden mit lautem Gebell ankündigten, um ihre Menschen zu warnen. Nur die Hunde,

die den Grund und Boden ihres Menschen entschlossen verteidigten, durften weiter auf dem Hof bleiben und für Nachwuchs sorgen.

Das Misstrauen Fremden gegenüber und die Bereitschaft, das eigene Territorium bis zum Äußersten zu beschützen, nennt man Territorialität. Sie ist durch die jahrhundertlange Zuchtwahl in vielen „Bauernhund-Rassen" genetisch verankert und kann bei der Haltung von Bauernhunden in Städten durchaus für Probleme sorgen, denn hier muss der Hund fremde Menschen lautlos in seiner Nähe dulden.

Rattenscharf und kinderlieb

Hunde mit enger Bindung an das Anwesen und ohne Hang zu Ausflügen in die freie Natur hatten einen weiteren deutlichen Überlebensvorteil, denn die Jagd war einzig dem Adel und seinen Hunden erlaubt. Bauernhunde, die außerhalb ihres Hofes angetroffen wurden, standen unter dem Verdacht zu wildern, und wurden zu Freiwild für die Edelleute. Frei laufende Bauernhunde durften ohne viel Federlesen getötet oder verstümmelt werden.

In manchen Gegenden war die Angst vor der Strafe durch die jagenden Edelmänner so groß, dass man in vorauseilendem Gehorsam die Pfoten oder Vorderbeine der Bauernhunde verkrüppelte. Eine weitere Methode, die Hunde am Jagen zu hindern, war, ihnen einen schweren Knüppel um den Hals zu hängen. Dabei war der Jagdtrieb, der in Wald, Feld und Flur für den Bauernhund unter Todesstrafe stand, auf dem Hof durchaus erwünscht, solange er sich auf Schadnager und tierische Räuber wie Marder und Fuchs richtete. Hunde, die in der Lage waren, sich selber zu ernähren, zum Beispiel durch das Erbeuten von Schadnagern, erhöhten ihre Überlebenschancen auch dadurch, dass sie als Schädlingsbekämpfer taugten.

Rattenscharf sollte der Bauernhund also sein, aber die frei umherlaufenden Hühner tunlichst in Ruhe lassen. Des Weiteren sollte er sanftmütig wie ein Lämmchen gegenüber der Kinderschar sein, aber misstrauisch und bei Bedarf auch wehrhaft gegenüber Fremden, gehorsam gegenüber seinen Menschen, aber durchsetzungsstark gegenüber Borsten- und Rindvieh, flink den Tritten der Kühe ausweichen und gleichzeitig ruhig den Milchwagen ziehen. Der Bauernhund musste also ein echtes Multitalent sein, dabei aber genügsam und robust, denn das Futter war karg und Tierärzte gab es nicht.

Nützlich auch im Tod

Wenn der Hund zur Arbeit nicht taugte, teilte er nicht selten das Schicksal der anderen Nutztiere auf dem Hof: Er landete im Kochtopf. Für die armen Bauern war der Hundefleischeintopf eine willkommene Bereicherung des Speiseplans. Mit dem Hundefett ließ sich darüber hinaus etwas Geld verdienen, denn es galt als Heilmittel gegen Husten und Lungenerkrankungen.
In vielen südostasiatischen Ländern ist der Verzehr von Hundefleisch immer noch üblich. Aber auch in Deutschland wurde die Schlachtung von Hunden erst 1986 verboten. Zwischen 1900 und 1985 wurde rund eine Viertel Million Hunde in Deutschland offiziell geschlachtet und verzehrt. Die Dunkelziffer liegt gerade während der Kriege wahrscheinlich um ein Vielfaches höher. Dabei aßen die Menschen Hundefleisch nicht nur in Notzeiten, wenn es nichts anderes gab. In einigen Regionen galt Hunderagout oder -braten als Delikatesse und wurde in Restaurants angeboten.

Vom Nutztier zum Familienhund

Im 19. Jahrhundert begann die Einteilung bestimmter Bauernhundschläge in Rassen. Die ersten Rassestandards und Zuchtbücher stammen vom Ende des 19. und Anfang des 20. Jahrhunderts. Die systematische Zucht der Bauernhundrassen war dabei eher das Steckenpferd von wohlhabenden Bürgern als von den Bauern selbst. Aussehen und Abstammung der Hunde sind auch heute noch auf dem Land gegenüber Charakter und Nützlichkeit zweitrangig. Der häufigste Bauernhund auf dem Land dürfte nach wie vor der Mischling sein.
Die Bauernhundrassen trifft man hingegen heutzutage auch in der Stadt an. Eigenschaften der Hunde, die auf dem Land durchaus erwünscht sind, wie das Misstrauen gegen Fremde, das lautstarke Anschlagen bei jeder Gelegenheit und die Territorialität passen jedoch nicht in die städtische Umgebung. Hier ist der Halter gefordert. Am besten beginnt man bereits im Welpenalter mit der Umschulung zum städtischen Begleithund, indem man den jungen Hund an fremde Personen, Lärm und die Enge in der Stadt gewöhnt. Auch das Bellen kann man mit Erziehung, Training und Geduld in den Griff bekommen. Zumal eine der wichtigsten Eigenschaften der Bauernhunde nach wie vor ihre Gelehrigkeit und unglaubliche Vielseitigkeit ist.

Barbara Welsch

Hovawart

Entlebucher

SPECIAL: SCHWARZE SCHAFE UNTER HUNDEN

Nicht jeder Angehörige einer Herdenschutz-hundegruppe ist auch ein typischer Vertreter und zeigt die Eigenschaften, die man von diesen Hunden erwartet. Dies gilt für jede Rasse oder jeden Schlag – denn hinter ihnen steht auch ein Beruf. Und nicht alle Vertreter hören die innere Stimme der Berufung mit derselben Intensität. Es gibt Wachhunde, die sich schlicht weigern, überhaupt irgendwas oder irgendwen zu bewachen, Diebe freudig begrüßen würden und helfen, den Fernseher zum Laster zu schleppen – jedenfalls werfen sie sich nicht für die Vertei-digung von Hab und Gut in die Schlacht. Es gibt Herdenschutzhunde, die sind aufs Beste geprägt auf Schafe, spielen aber lieber mit ih-nen als sie zu schützen, und es gibt die sprich-wörtlichen Jagdhunde, die man zur Jagd tragen muss. Ihre Gene wären zwar die richtigen, doch sie fangen nach landläufiger Einschätzung das falsche damit an. Zur Zucht sind solche Hunde vielleicht nicht geeignet, doch gerade sie sind oft die besten Familienhunde. Statt mit allen Mitteln zu versuchen, dem Hund etwas beizu-biegen, was nicht in ihm steckt, wäre es eine Lösung, sich nach einem anderen, passende-ren Umfeld für ihn umzusehen.

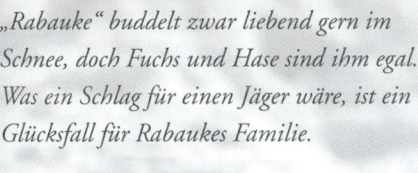

Hundesportarten wie das dynamische
Flyball bieten auch Arbeitshunden die
Möglichkeit, sich auszutoben und so in
einem familiären Umfeld ausgelastet zu sein.

„Rabauke" buddelt zwar liebend gern im
Schnee, doch Fuchs und Hase sind ihm egal.
Was ein Schlag für einen Jäger wäre, ist ein
Glücksfall für Rabaukes Familie.

Bevor ein Hund dauernd an die Kette gelegt wird, ist
es besser, das passendere Umfeld für ihn zu finden.

Altdeutscher Hütehund

Hierzulande werden unter dem Begriff Altdeutsche Hütehunde diverse Schläge zusammengefasst, die sich äußerlich – auch innerhalb der Schläge – und nach ihrem Wesen unterscheiden. Es sei noch einmal erwähnt, dass sich auch Rassehunde nicht über einen Kamm scheren lassen, zumal es sich bei Altdeutschen Hütehunden nicht um vom VDH anerkannte Rassen handelt. Es gibt also keinen einheitlichen „Standard", nach dem sich Züchter und Hund ausrichten müssen. „Altdeutsche Hütehunde" ist ein Überbegriff für Hunde, die sich zum Teil regional unterschiedlich entwickelten. Es sind reine Leistungszuchten und äußerliche Attribute, wie Farbe oder ob die Ohren nun hängen, stehen oder knicken, spielen untergeordnete Rollen. Allen gemein sind der ausgewogene und muskulöse Körperbau für die anspruchsvolle Arbeit bzw. ausdauerndes und Kräfte sparendes Traben, Wendigkeit, Intelligenz und ein ausgeprägter Hütetrieb. In Nord- und Mitteldeutschland sind vor allem die Schläge von Fuchs, Gelbbacke, Schwarzer und Schafpudel zu finden. Die Hunde im Süden sind meist größere und kräftigere, wie Strobel und Süddeutscher Schwarzer.

Je nachdem, um welchen Schlag es sich handelt, sind sie nicht nur zum Treiben, Zusammenhalten und Absondern von einzelnen Tieren geeignet, sondern weisen durchaus auch Herdenschutzqualitäten in unterschiedlichen Ausprägungen auf.

Dies erfahren unter anderem Hundebesitzer mitten in München. Der Englische Garten lockt täglich Erholungssuchende und Spaziergänger an. Dank der Liberalität der Verwaltung, die der Hundebesitzer nicht oft und laut genug preisen kann, können hier – im Gegensatz zu vielen anderen Städten und Grünanlagen – Hunde Freilauf genießen. Dies funktioniert erstaunlich gut, da kein Hund den Park als sein Revier betrachtet.

Während vier Wochen im Sommer tummeln sich aber noch andere Vierbeiner in dem Park: Schafe einer Wanderschäferei beweiden das große Areal. Schilder machen Hundebesitzer darauf aufmerksam und fordern dazu auf, die Hunde im Zaum oder an der Leine zu halten. Manche nehmen dies nicht sehr ernst, sehr wohl aber der Hütehund. Kommt einer der Stadtfiffis der Herde zu nahe, gibt's Saures. Da offenbaren sich auch die Unterschiede, es prallen zwei Hundekulturen aufeinander: Die der vergleichsweise verwöhnten Zamperl, egal welcher Größe, und die eines berufstätigen Arbeitshundes. Ersterer will vielleicht wirklich nur spielen, dem zweiten ist das aber so etwas von wurscht. Er beansprucht als einziger ein Revier, nämlich die imaginäre Bannmeile um seine Herde, wo immer sie sich auch gerade befindet. Eindringlinge werden vertrieben, bis sie wieder den Mindestabstand wahren. Nun stelle man sich vor, die Hunde müssten die Rollen tauschen – ein Dalmatiner oder Retriever bei einer Schafherde wäre in den meisten Fällen völlig nutzlos. Umgekehrt würde der Altdeutsche in Händen Unerfahrener die Bannmeile in Ermangelung von Schafen um seine Besitzer ziehen und jeder Spaziergang wäre von Auseinandersetzungen mit anderen Hunden geprägt. Eine unnötige Belastung für alle Beteiligten.

Hüten und Hutbarkeit

Nicht nur Hunde müssen das Hüten können, auch Schafe. Neben der Wolle, einer dem Menschen hochwillkommenen Mutation, äußerer Erscheinung etc. unterscheidet die meisten Hausschafrassen eine weitere Eigenschaft vom Wildschaf - seine Hutbarkeit. Die Tiere bleiben immer recht eng beieinander und entfernen sich nur beim friedlichen Grasen weiter voneinander. Bei vermeintlicher Gefahr drängen sich die Tiere dicht zusammen, statt wild auseinanderzustieben. Nähert sich der Hütehund, streben die Schafe tendenziell eher einander zu. Nur so können auch größere Herden in unwegsamem Gelände kontrolliert werden. Dies macht sie allerdings auch zur leichten Beute.

Gemischte Herde aus Schafen und Ziegen, gehütet von einem gemischten Doppel aus Schwarzer und Schafpudel.

Alles im Griff

Seit Jahrhunderten haben Schäfer Hunde auf Eigenschaften wie Hütetrieb und Robustheit hin selektiert, aber auch auf den „Griff". Dies bedeutet, dass die Hunde zielsicher und im richtigen Maß den Schafen Beine machen. Sie sollen das Schaf, das nicht wie gewünscht reagiert, blitzschnell und kurz packen, dürfen es dabei aber nicht verletzen. Abgesehen davon, dass den Schafen nicht unnötig Schmerzen bereitet werden sollen, würden sich vor allem im Bereich der unteren Extremitäten auch kleine Wunden leicht entzünden und die Wanderfähigkeit der Schafe beeinträchtigen. Verschiedenen Schlägen konnte sogar angezüchtet werden, wo sie „hinlangen". Die meisten Altdeutschen greifen bevorzugt an Nacken oder Rippen der Schafe, die Mitteldeutschen an Rippen und besonders der Keule. Auch dort darf es nicht mehr als ein Zwicken sein, das die Schafe beeindruckt, aber nicht verletzt. Gezwickt wird meist auf Anweisung des Schäfers und vor allem solche Tiere, die wiederholt die Hütefläche verlassen, um sich auf Nachbargrundstücken oder Feldern vermeintlich bessere Kost zu beschaffen. Auch für einige Schafe gilt wohl: Das Gras ist immer grüner auf der anderen Weide. Durch den gezielten Griff lernen die Schafe, den Hund zu respektieren, und es färbt auch auf danebenstehende Tiere ab, Schafe sind nämlich nicht blöd, und werden zumindest eine Weile davon absehen, auf Nachbarfeldern „einkaufen" zu gehen. Sie rennen auch keineswegs in Angst und Schrecken davon, nur weil ein Hund auf sie zukommt. Sie kennen „ihren" Hütehund und sind durchaus in der Lage, ihn buchstäblich ins Leere laufen zu lassen, wenn sie Grund zu der Annahme haben, dass er dem Job nicht gewachsen sein könnte. Dann langt ein Hund eben auch mal hin – und ein guter nur so stark, dass er wieder richtig verstanden wird.

Erziehung und Ausbildung

An dieser Stelle kann es keine „Kurzanleitung zur Hundeerziehung" geben; hierfür ist die Praxis mit guten Trainern und Kollegen gefragt, unterstützt von Fachbüchern, die sich ausschließlich dieser Thematik widmen. Dennoch sind vielleicht einige Tipps für den „Hütehund im Alltag" nicht verkehrt. Christel Simantke engagiert sich sehr für den Erhalt der Altdeutschen Hütehunde, u. a. bei der Gesellschaft zum Erhalt alter und gefährdeter Haustierrassen e. V. Sie hält sie seit über 25 Jahren und bildet sie selber aus.

Grundlagen

Erste Entscheidung vor der Anschaffung eines Hundes ist die Frage nach einem Welpen oder einem erwachsenen Hund, eventuell aus dem Tierschutz. Beides hat Vor- und Nachteile, die jedoch hier nicht diskutiert werden. Am besten vorhersagen allerdings lässt sich wohl der Beziehungsaufbau mit einem Welpen aus einer guten, verantwortungsvollen Zucht. Er bringt in der Regel die zuverlässigsten Voraussetzungen für ein gutes Miteinander mit. Dieser Welpe hat in seiner Prägungsphase schon einen Gutteil an Umwelterfahrung gesammelt und steht mit seinen rund neun Wochen Abgabealter der neuen Erfahrungswelt offen gegenüber.

Ist dies nicht der Fall, ist der neue Hundehalter verantwortlich dafür, dem neuen Mitbewohner Umweltreize positiv zu vermitteln. Dazu gehören der Kontakt zu anderen Menschen, das Fahren im Auto und das Kennenlernen anderer Tiere. Je nachdem, in welchem Umfeld der Hund sich später bewegen und möglicherweise eingesetzt werden soll, richten sich die Umwelterfahrungen zunächst mehr auf den städtischen oder den ländlichen Bereich aus. Welches Maß an Neuem der unerfahrene, junge Hund verkraften kann, ist recht individuell. Ist der Hund an der Grenze seiner Aufnahmefähigkeit, sollte dies vom Hundehalter an den Stressanzeichen, die der Hund spätestens dann zeigt, erkannt werden. Wer sich hier nicht sehr sicher ist, sollte sich entsprechend Rat suchen bzw. die eingangs erwähnte Fachliteratur zu Rate ziehen.

Die Säulen einer soliden Mensch-Hund-Beziehung: Umwelterfahrung und guter Grundgehorsam; Konsequenz und Selbstbeherrschung seitens des Menschen.

Von Beginn der Übernahme des Hundes an ist an einem guten Grundgehorsam und solider Konsequenz seitens des Hundehalters zu arbeiten. Auch dem süßen Welpen soll man nichts durchgehen lassen, was später nicht erwünscht ist, bzw. verboten wird. Das bedeutet aber nicht, dass man dem Welpen ein ehrgeiziges „Was-mein-Welpe-alles-schon-kann-Programm" aufbürdet. Der junge Hund soll unbedingt sein Welpendasein genießen dürfen und im Umgang und Spiel mit anderen ein sozial- und umweltsicherer Hund werden.

Trotzdem gilt es, für den jungen Hütehund von Beginn an wichtige Regeln des Alltags zu beachten: Dazu gehören die freie Folge während eines Spazierganges, das Achten auf den zuständigen Menschen und das Herankommen zu ihm. Kommen wird dann freudig befolgt, wenn es positiv bestätigt wird und der Hund danach in der Regel wieder Freigang erhält. Wenn das Herankommen stets mit Anleinen verbunden ist, wird es für den Hund negativ belegt und in der Folge öfter gemieden.

Aktiv, aber nicht hyper-

„Nix los" ist besonders für die aktiven Hütehunde eine schwierige Übung. Schon früh, aber erst nach einer Eingewöhnungsphase im neuen Heim, sollte das zeitweise Alleinbleiben geübt, jedoch altersangepasst seine Geduld nicht überstrapaziert werden. Einige, wenige Minuten genügen am Anfang. Genauso wichtig ist, dass der Hund lernt, auch in Anwesenheit seines Menschen mal Ruhe zu halten. Wer Hütehundwelpen unablässig „bespaßt", erzieht sich kleine Terrorbolde, die ruhelos umherwandern, schier unablässig zu Spiel und Beschäftigung auffordern bzw. sich fallweise Ersatzbeschäftigung suchen.

Frust aus- und Ruhe einzuhalten, wenn die Spielaufforderung nicht erwidert wird oder andere Wünsche unerfüllt bleiben, muss der Welpe lernen. Zu dieser sogenannten Frustrationstoleranz gehört auch, z. B. bei einem allzu wilden Spiel von Welpen, den Wüstling bzw. Raufbold unter ihnen rauszunehmen und sich das Toben der anderen von außerhalb an Frauchens/Herrchens Seite ruhig (!) anzusehen. Erwartungsgemäß wird der Welpe empört toben, darf aber erst wieder zum Spielgeschehen dazu, wenn er sich beruhigt. Für das Abbrechen der momentanen Handlung (z. B. zu wildes Spiel) wird ein spezielles Abbruchsignal trainiert, wie „Stopp" oder „Schluss". Nach dem Kommando soll konsequent der Abbruch der Handlung erfolgen. Ebenfalls ein bestimmtes Wort erlaubt dem Hund die erneute Freigabe nach einer Restriktion.

Wie sag ich's meinem Hunde?

Wichtige Kommandos für den Alltag sind „Komm", „Halt" und „Bleib". Auch eine gute Leinenführigkeit ist Lernziel eines Welpen bzw. seines Besitzers. Das Kommen des Hundes auf Zuruf wird immer positiv bestätigt, durch merkliches Freuen des Menschen, Loben des Hundes, Spiel und gegebenenfalls auch einen Leckerbissen – oder eine variierende Mischung aus allem. Das Kommando „Halt" kann gut durch Körpersprache unterstützt werden, wie generell Hunde sehr sensibel auf die Körpersprache des Menschen reagieren, häufig ohne dass es uns wirklich bewusst ist.

Schäfer verständigen sich aus praktischen Gründen mit den Hunden bei der Arbeit an der Herde häufig mit Sichtzeichen. Hierfür wird meist die universale Schäferschippe eingesetzt, die in dem Fall den verlängerten Arm des Schäfers darstellt und Richtungswechsel oder ein Anhalten des Hundes bewirken soll.

An der Herde: Der Hütetrieb ist erblich veranlagt und nur bedingt zu beeinflussen. Interesse für das Geschehen in einer Herde ist bei manchem Welpen sofort vorhanden, bei anderen dauert es ein Jahr oder länger, bevor sie sich für die Hütetiere interessieren.

Praxisberichten zufolge scheint es sich langfristig eher negativ auszuwirken, motivierte junge Hunde zu früh und zu intensiv an der Herde arbeiten zu lassen. Sie können überfordert sein und beispielsweise unkorrekt beim Schaf beißen, nachlässig arbeiten oder zeitweise die Arbeit an der Herde verweigern. Der Rat geht demzufolge dahin, die jungen Hunde zwar mitzunehmen und bei Interesse auch anzulernen, sie aber noch wie einen Lehrling zu behandeln und nicht wie eine volle Arbeitskraft – kurze Ausbildungseinsätze und diese beenden, wenn der Hund noch voll motiviert und nicht schon ermüdet ist. Dies ist sinngemäß auch auf die Ausbildung im privaten Umfeld zu übertragen. Übungen sollen altersangepasst nie zu lange dauern, jedoch nach Möglichkeit stets zu Ende geführt werden. Am Anfang stehen einfache Kommandos wie Sitz. Sitzt der Hund, soll er das solange tun, bis das Kommando wieder aufgelöst wird. Die Schwierigkeit wird gesteigert, wenn man sich dabei ein bis mehrere Schritte vom Hund entfernt. Lieber eine Übung nicht ganz ausreizen und dafür positiv beenden, als zu viel Ehrgeiz in schnelle Lernerfolge zu legen.

Der Hütehund in der Familie

Was tun, wenn der motivierte junge Hütehund mangels Arbeit an Schafen seine angeborenen Fähigkeiten an Menschen einsetzt? Auch wenn es schade ist, dass der durch sehr viele Generationen züchterisch beeinflusste Hütetrieb bei der Haltung in einer Familie nicht zum Tragen kommen darf, muss schon dem Welpen das Treiben von Menschen und Packen an den Waden strikt untersagt werden. Hilfreich ist es dabei, den Welpen nicht schon durch sehr wildes Spiel aufzuputschen und ihn immer wieder zur Ruhe kommen zu lassen, bzw. ihn zur Ruhe zu bringen.

Übungen, die Hütehunden liegen und sowohl im „Hausgebrauch" als auch an der Herde einsetzbar sind, sind „In der Furche gehen", „Außenrum", „Links" und „Rechts", „Halt" und das Vorausschicken am Weg oder zu einem Punkt der Gemarkung.

Furche gehen: Laufen des Hundes am Feldrand oder einer ähnlichen Begrenzung, in Entfernung zum Menschen. Der Hund soll auch aus Entfernung in eine Furche geschickt werden können, was z. B. bei Hundebegegnungen im Freilauf, vor allem als Reitbegleithund oder am Fahrrad, sehr praktisch sein kann. Wenn keine Hüteherde zur Verfügung steht, kann das Furche-Gehen mit einer Hilfsperson geübt werden, die den Hund angeleint in einer klar erkennbaren (Acker-)Furche/Wegrand führt, während die Bezugsperson in wenigen Metern Entfernung parallel dazu läuft. Beim Verlassen der Furche wird der Hund mit Kommando stets wieder in die Furche beordert.

Richtungskommandos lernt der Hund indem ein selbstständiges Abbiegen oder auch nur „um die Ecke schauen" mit dem entsprechenden Kommando belegt wird, sehr unterstützend ist hierbei das Handzeichen mit ausgestrecktem Arm in die entsprechende Richtung.

Außenrum: Hiermit kann der Hund um eine beliebige Struktur herum geschickt werden, sei es ein Baum, ein Gebäude oder eine eingepferchte Herde. Das Training erfolgt an überschaubaren, deutlichen Strukturen, z. B. einer kleinen Gartenhütte und erfordert bereits das Kommando „Beib" oder „Steh". Der Hund wird abgesetzt, der Mensch bewegt sich bis gera-

de außer Sichtweite um die Hütte herum, ruft den Hund in Richtung zu sich ab und bewegt sich schnellst möglich um den Rest der Hütte herum. Andere Möglichkeit: Den Hund zum Vorlaufen motivieren, anhalten lassen und von der entgegengesetzten Seite der Hütte den Hund unter dem gewünschten Kommando abrufen.

Vorausschicken: Anfangs nur wenige Schritte zum Vorauslaufen motivieren, anhalten lassen, zurückrufen und belohnen. Langsam die Entfernung aufbauen.

Weitere sinnvolle Beschäftigungen für viele Hütehunde sind Suchspiele, Mantrailing sowie natürlich auch das komplette Feld der Rettungshundearbeit; auch bei Dogdance oder Obedience können Mensch und Hund Auslastung finden. Selbstverständlich nehmen die Hunde auch Hundesport wie Agility und Turnierhundesport sehr gerne an, wobei hier das „Hochdrehen" der Hunde in Form von Hektik und Kläffen schnell unangenehme Begleiterscheinungen werden können.

Richtig belohnen: Es gibt nicht DEN Tipp für richtiges Belohnen, da sowohl jeder Hund als auch jeder Mensch Individuen darstellen und es für beide passen muss. Wichtig ist allein, DASS belohnt wird und zwar punktgenau auf das gewünschte Geschehen. Der Schäfer belohnt seinen Hund natürlich nicht mit Leckerlies, schon aus praktischen Gründen, weil es bei der Arbeit an der Herde schon allein aus Entfernungsgründen ganz häufig kontraproduktiv wäre. Die stimmliche Belohnung ist wesentlich und so gut wie immer einsetzbar.

Christel Simantke

Der Jagdgebrauchshund

Wie der Name schon sagt, handelt es sich hierbei um Hunde, die für die Arbeit bei der Jagd gezüchtet werden. Die Jagd stellt sehr viele unterschiedliche Anforderungen an die Hunde, und so haben sich im Laufe der Zeit durch selektive Zucht sowohl Spezialisten für einzelne Arbeiten als auch sogenannte Allrounder entwickelt. Egbert Urbach stellt die heute geltenden Rassegruppen vor, die in Deutschland gezüchtet und eingesetzt werden.

1) Schweißhunde

Anerkannte Schweißhunderassen in Deutschland sind der Hannoversche Schweißhund, der Bayerische Gebirgsschweißhund und die Alpenländische Dachsbracke. Ihre Aufgabe besteht nach der entsprechenden Ausbildung allein darin, verunfalltes oder angeschossenes Wild zu finden.

2) Jagende Hunde (Bracken)

Es gibt eine ganze Anzahl von Bracken, die wohl die ältesten Jagdhunderassen sind. Es handelt sich dabei z. B. um die Deutsche Bracke, die Tiroler Bracke, die Brandlbracke oder auch die Steirische Rauhaarbracke. Ihre Aufgabe besteht ursprünglich darin, die frische Spur des gesunden Wildes laut auszuarbeiten, d. h. bellend der Spur zu folgen und das Wild so vor die Jäger zu bringen. Sie kommen dabei mit dem Wild gar nicht in Berührung. Das Wild hört den bellenden Hund weit hinter sich, verlässt relativ langsam seinen Einstand (die schützende Deckung) und kann so erlegt werden.

3) Reine Vorstehhunde

Die reinen Vorstehhunde, wie der Pointer, der Englische Setter, Gordon Setter oder auch der Irische Setter, wurden ursprünglich dazu gezüchtet, Federwild (Fasan, Rebhuhn, Auerhuhn etc.) in schneller und weiträumiger Suche zu finden und diese dem Jäger durch festes Vorste-

hen, das heißt starres Verharren vor dem Wild, anzuzeigen. Der Jäger nähert sich dann dem Hund, scheucht das Wild heraus und kann es so erlegen.

4) Apportierhunde

Die einzige Aufgabe der Apportierhunde bestand darin, vom Jäger erlegtes Wild, wie Hase, Fasan, Rebhuhn, Kaninchen oder Ente, zu suchen und zu bringen. Gerade die Arbeit auf ins Schilf gefallene Enten bei kalter Witterung stellt hohe Anforderungen an Kondition und Ausdauer der Hunde. Typische Apportierhunderassen sind der Labrador Retriever, der Golden Retriever, der Flat-Coated Retriever, der Curly-Coated Retriever, der Chesapeak-Bay Retriever und der Nova Scotia Duck Tolling Retriever.

5) Deutsche Vorstehhunde (Vollgebrauchshunde)

Bei den deutschen Vorstehhunden wurde bei der Zucht von vornherein darauf geachtet, dass die Hunde für ein möglichst breites Aufgabenspektrum bei der Jagd geeignet sind und nicht nur als reine Vorstehhunde eingesetzt werden können. Diese Vollgebrauchshunde sollen möglichst alle Anlagen für die Arbeit im Feld, im Wald und im Wasser mitbringen, um sich dann an das von ihnen geforderte Aufgabenspektrum optimal anpassen zu können. Aus diesem Grunde wurden sie aus den verschiedensten Rassen heraus gezüchtet, deren unterschiedliche Eigenschaften man sich in so einem Hund zunutze machen kann. Die Unterteilung erfolgt nach den einzelnen Haarschlägen.

Kurzhaarige Deutsche Vorstehhunde: Deutsch Kurzhaar und Weimaraner Kurzhaar

Langhaarige Deutsche Vorstehhunde: Deutsch Langhaar, Großer Münsterländer, Kleiner Münsterländer und Weimaraner Langhaar

Rauhaarige Deutsche Vorstehhunde: Deutsch Stichelhaar, Griffon, Pudelpointer und Deutsch Drahthaar

6) Erdhunde

Zu den Erdhunden zählen die Rassen, welche bei der Arbeit auf den Fuchs eingesetzt werden. Sie haben die Aufgabe, den Fuchs aus dem Bau zu treiben, damit er erlegt werden kann.

Teckel: Der Teckel oder Dackel wird in drei verschiedenen Haarschlägen und Größen gezüchtet, nämlich als Kurzhaar-, Langhaar- und Rauhaarteckel. Sie werden in Normalgröße, als Zwergteckel oder, in seiner kleinsten Form, als Kaninchenteckel gezüchtet.

Terrier: In Deutschland finden sich besonders der Foxterrier als Drahthaar oder Kurzhaar, der Parson Russel Terrier als Rauhaar und Glatthaar und der Deutsche Jagdterrier, ebenfalls in rauem oder glattem Haarkleid.

Bei allen Rassen ist es heutzutage so, dass sie nicht nur die Arbeiten verrichten, welche eigentlich für ihre Rassegruppe steht. So findet man heute Englische Vorstehhunde, die als Allrounder eingesetzt werden, Teckel, die ebenso wie Terrier als Stöber- oder Schweißhunde eingesetzt werden oder auch als Apportierhunde, die beim Buschieren oder bei der Totsuche gute Arbeit leisten. Dies liegt daran, dass es in der heutigen Zeit für einen Jäger kaum möglich ist, für jede Jagdart einen Spezialisten zu führen und diesen auch noch auszulasten. Ein Jagdhund ohne Arbeit ist ein armer Tropf, der mit einem Dasein als reiner Haushund nicht ausgelastet ist. Arbeit und Bewegung sind für diese Hunde genauso wichtig wie das Leben in der Familie und der enge Anschluss an „seine" Menschen.

Einarbeitung und Haltung

Die Erziehung des Hundes beginnt bereits, wenn man den Welpen mit etwa 8 bis 10 Wochen vom Züchter bekommt. Er braucht seinen festen Platz und beginnt seine neue Umwelt und sein neues Rudel kennenzulernen. Alles ist hoch spannend für den Kleinen und er schließt

sich eng an seine neuen Menschen an. Nach einer Eingewöhnungszeit beginnt man mit Grundübungen wie „Sitz", „Platz" und Leinengewöhnung. Das erste Jahr ist das wichtigste im Hundeleben. Hier werden die Grundlagen für alles gelegt, was ein guter Jagdhund braucht. Auch der angeborene Jagdtrieb wird in die richtigen Bahnen gelenkt. Er soll möglichst alles kennenlernen, womit er in seinem späteren Leben konfrontiert wird. Das Allerwichtigste jedoch ist das unerschütterliche Vertrauen in seinen Herrn. Er muss lernen, dass es keine Situation gibt, die er nicht mit seinem Herrn gemeinsam meistern kann. Allein daraus geht schon hervor, dass Gewalt in der Hundeausbildung nichts verloren hat. Konsequenz ja, Gewalt nein. Hunde können nicht denken, sondern nur verknüpfen, d. h. er muss das, was ich von ihm verlange, verstanden haben. Vergleichbar mit einem Erstklässler, der sich mit den Schreibübungen abmüht und drei Zeilen kleine Schleife und große Schleife schreiben muss und sie freudestrahlend der Mutter zeigt. Er bekommt ein großes Lob, und alles ist gut. Kommt aber nach dem Lob „weil Du es so schön gemacht hast, mach es doch gleich noch mal", wird die Freude schnell vorbei sein. Auch eine Watschen hat noch keinem geholfen, eine schwierige Aufgabe zu lösen.

Ein kleines Beispiel: Jeder Hund kann von klein auf apportieren, also etwas vom Boden aufnehmen und tragen. Er saust mit seinem Lieblingsspielzeug durch die Gegend und fängt seinen wegrollenden Ball ein. Wozu ihm also mit Gewalt etwas in die Schnauze stecken und ihm dieses angeborene Verhalten unangenehm machen? Lieber dieses Spiel an der Leine mitmachen, es kanalisieren und mit Lob klar zeigen, was gewünscht wird. Hat er das begriffen, wird er es auch mit Freude auf Befehl wiederholen. Der Trick besteht eigentlich nur darin, ihm klar zu machen, dass aus dem Spiel dann langsam ein „Muss" wird. Die Stimme ist dabei das wichtigste Instrument. An ihr kann der Hund genau erkennen, was wir gut finden und was weniger. Allerdings müssen wir uns darüber im Klaren sein, dass ein Hund weder Deutsch noch Englisch oder Chinesisch kann. Er verknüpft nur bestimmte Lautabfolgen, also Kommandos, mit von ihm auszuführenden Handlungen.

Grundsätzlich gibt es drei Möglichkeiten der Jagdhundehaltung: Die Haltung im Zwinger, die Haltung im Haus oder eine Mischhaltung, also im Zwinger und im Haus. Es ist zu bedenken, dass alle Hunde ein Ruhebedürfnis von bis zu 18 Stunden am Tag haben. Dies heißt aber nicht, dass sie so lange schlafen, sondern dass die Aktivitäts- und Ruhephasen sich abwechseln und unterschiedlich auf Tag und Nacht verteilt sind. Ein Jagdhund, der den ganzen Tag mit seinem Berufsjäger unterwegs ist, wird diese Zeiten sicher anders verteilen als ein Hund, der einen großen Teil des Tages im Zwinger verbringt. Eine Zwingerhaltung ist insbesondere dann abzulehnen, wenn der Hund nur zum Gassigehen oder gelegentlich zur Jagd aus seinem Zwinger kommt. Hunde sind Rudeltiere und brauchen dringend direkten Anschluss an ihr Familienrudel. Diesen kann auch der schönste Zwinger nicht ersetzen. Gerade Jagdhunde, die sehr intelligent und aufmerksam sind, brauchen für die Entwicklung ihrer jagdlichen Eigenschaften, die eine enge Zusammenarbeit mit „ihrem" Jäger und ein gutes soziales Verhalten gegen Mensch und Hund beinhalten, eine gute Bindung an die Familie. Einen Jagdhund über Nacht im Zwinger zu halten oder ihn dann im Zwinger zu haben, wenn gerade nicht die Möglichkeit besteht, ihn um sich zu haben, ist dagegen kein Problem. Er gewöhnt sich auch sehr schnell an feste Zeiten, wenn er mal ein paar Stunden im Zwinger bleiben muss.

Früher hieß es, dass ein Jagdhund, der mit Kindern in der Familie aufwächst, von den „lieben Kleinen" verdorben wird. Dies ist Unsinn. Der Hund weiß ganz genau, wer der „Rudelführer", also sein Chef, ist, und stellt sich entsprechend auf diesen ein. Dass man Kleinkinder und Hunde nicht ohne Aufsicht lässt, versteht sich dabei von selbst. Viele Jagdhunde zeigen hervorragende Eigenschaften, wenn es darum geht, auf Haus, Hof und Familie aufzupassen, und sind trotzdem sehr freundlich gegenüber anderen Menschen, Hunden und Haustieren. Es liegt, wie so oft, einfach an der entsprechenden Erziehung – nicht so sehr viel anders als bei Kindern (siehe oben).

Egbert Urbach

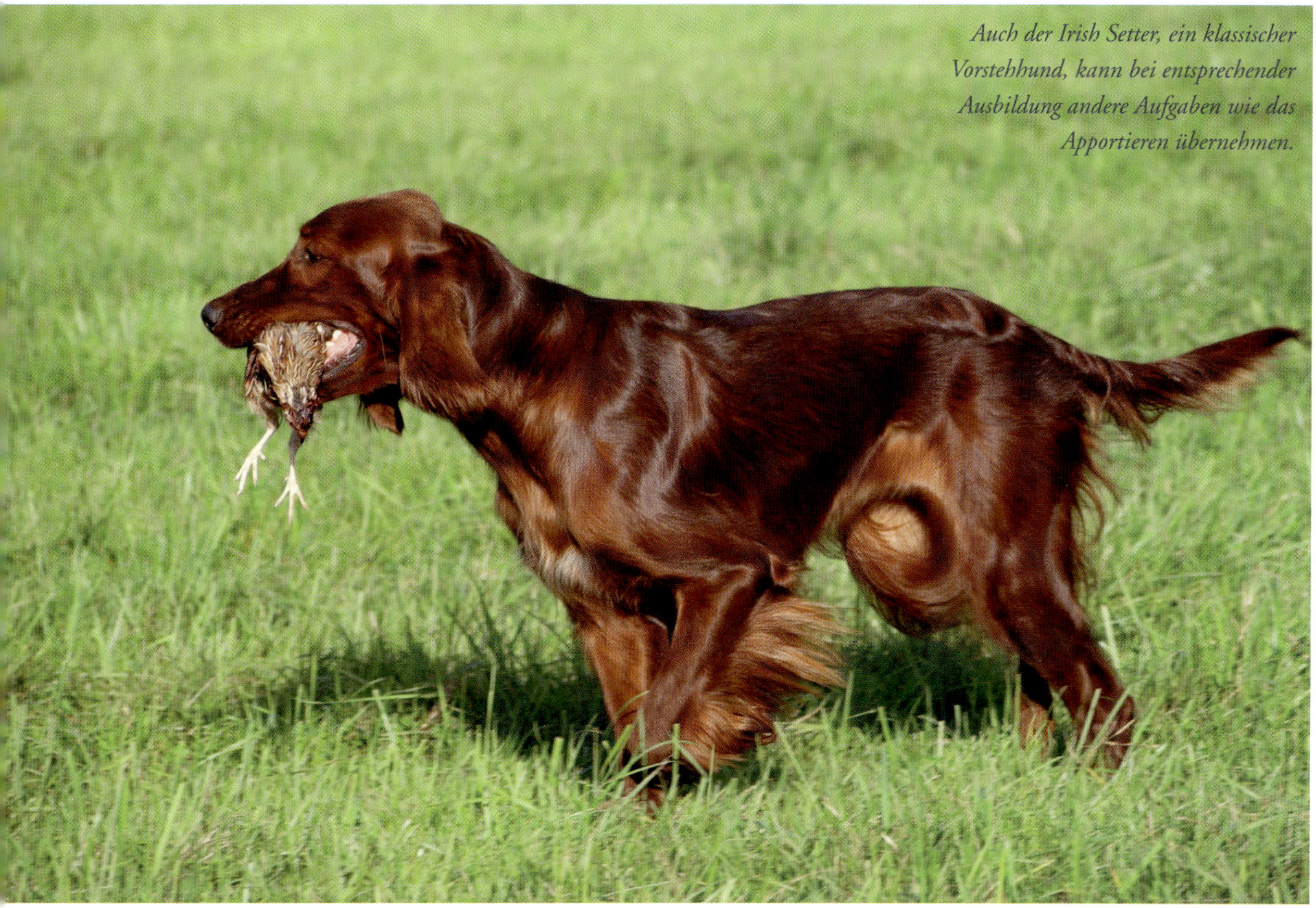

Auch der Irish Setter, ein klassischer Vorstehhund, kann bei entsprechender Ausbildung andere Aufgaben wie das Apportieren übernehmen.

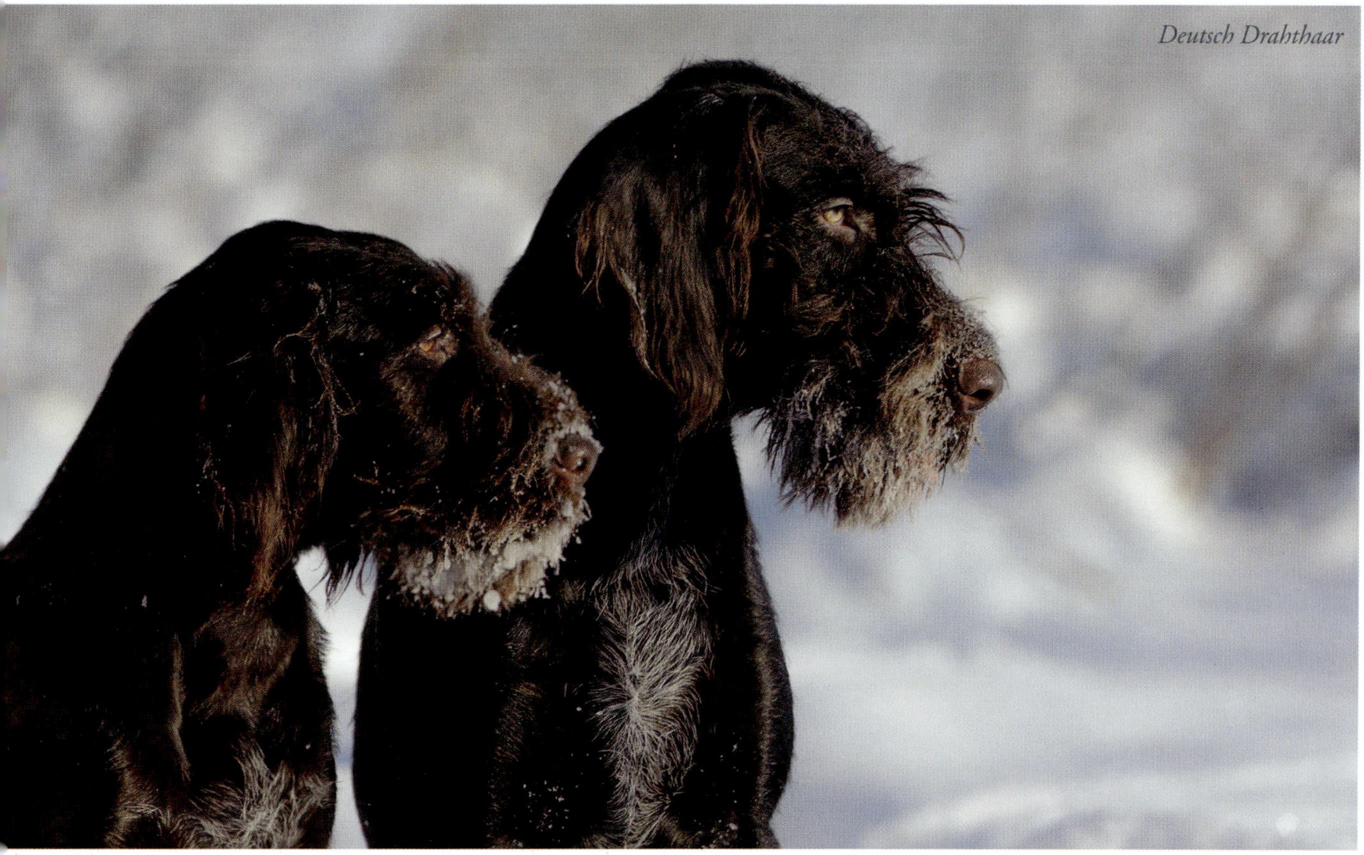

Deutsch Drahthaar

Auf einen Augenblick

Es kann nur eine kleine und willkürliche Auswahl sein, die Rassen und Schläge porträtiert. Einige von ihnen sind so selten geworden, dass sie als in ihrem Bestand bedroht gelten müssen, weil ihre Aufgabenfelder nicht mehr wie in der Vergangenheit existieren. Hier wird ein Zwiespalt offensichtlich: Arbeitshunde müssen arbeiten, doch wenn es diese Arbeit nicht mehr gibt, sollen sie dann verschwinden? Organisationen wie die GEH oder die Arbeitsgemeinschaft zur Zucht Altdeutscher Hütehunde haben sich ihrem Erhalt verschrieben.

RASSEPORTRÄT: BERNER SENNENHUND

Der Berner Sennenhund ist der Bauernhund par excellence – auch wenn er eigentlich kein echter Sennenhund ist, denn er stammt von den größeren Hunden des Schweizer Mittellandes ab. Diese Tiere verrichteten ihre Arbeit als Wach-, Zug- und Treibhunde in den Täler und Tiefebenen und eben nicht auf den Almen in den Bergen.

Die Vorfahren des Berner Sennenhundes lebten im Kanton Bern, genauer rund um den Weiler Dürrbach. Dort kamen die langhaarigen, dreifarbigen Hofhunde besonders häufig vor und wurden daher Dürrbächler genannt. Später wurde der Dürrbächler dann in Anlehnung an die anderen Schweizerischen Bauernhunde Berner Sennenhund genannt.

Einer der ersten Züchter des Berner Sennenhundes, der Tierarzt Adolf Scheidegger aus Langenthal, beschrieb, was die Berner Bauern von ihrem Hofhund erwarteten: „Ein Hund ist ‚gut‘, wenn er wachsam und scharf ist, ohne zu beißen, beim Ausgehen beim Fuß folgt, beim Wagen zwischen den beiden Hinterrädern und nicht in den Kulturen herumläuft, den Meister im Notfalle verteidigt, auf dem Felde liegen gelassene Gegenstände bewacht, nicht wildert, Katzen und Hühner in Ruhe lässt, nicht herumvagiert (streunt)."

Nicht zuletzt wegen seines attraktiven Erscheinungsbildes mit dem glänzend schwarzen Fell und den aparten weißen und lohfarbenen Abzeichen ist der Berner Sennenhund heute ein beliebter Familien- und Begleithund. Gegenüber seiner Familie ist er sehr anhänglich und geduldig mit Kindern, aber gegenüber Fremden kann er sich misstrauisch und wachsam verhalten. Er ist gerne mit seinen Menschen aktiv, aber deutlich behäbiger als der Appenzeller und Entlebucher Sennenhund, und eignet sich mehr für Obedience, zur Fährtenarbeit oder zum Zughundesport als zu Agility. Sein Zuhause sollte ebenerdig liegen, denn wie andere große und schwere Hunde auch kann er bereits im mittleren Alter Gelenkprobleme entwickeln, die das Treppensteigen für ihn unmöglich machen. Leider kommt eine erbliche Krebserkrankung, die maligne Histiozytose, bei den Berner Sennenhunden verhältnismäßig häufig vor. Die Krankheit führt viel zu häufig zu einem frühen Tod der Tiere im Alter von vier bis sieben Jahren. Die Zuchtvereine bemühen sich gemeinsam mit Wissenschaftlern, den Ursachen dieser Erkrankung auf die Spur zu kommen, um sie effektiv bekämpfen zu können.

Barbara Welsch

Der Berner Sennenhund im Überblick

Schulterhöhe	Rüde: 64–70 cm
	Hündin: 58–66 cm
Körperbau	Eher kompakt als langgestreckt; kräftig, stämmig
Haar	Lang weich, glatt bis gewellt (nicht lockig)
Fellzeichnung	Schwarzer Mantel über Rumpf, Hals, Kopf und Schwanz. Von der Stirn bis zur Schnauze weiße Blesse, weißes Brustkreuz und weiße Pfoten, weiße Schwanzspitze. Die Flecken über den Augen und Backen sowie die Abzeichen an Brust und Beinen sind braunrot.

RASSEPORTRÄT: APPENZELLER UND ENTLEBUCHER SENNENHUND

Appenzeller und Entlebucher Sennenhund sind als Nachfahren der „Küherhunde" Sennenhunde im wahrsten Sinne des Wortes, denn sie stammen von jenen mittelgroßen dreifarbigen Hunden ab, die die Küher oder Sennen mit ihrem Vieh zur Sommerweide auf die Alpen begleiteten. Die flinken, stämmigen Hunde hielten die Rinder beim Auf- und Abtrieb beisammen. Anders als die Hütehunde der Schäfer, die ihre Arbeit meist schweigend verrichteten, war das helle Gebell der Küherhunde beim Viehtrieb bis weit ins Tal zu hören, wie die ersten Alpentouristen im 19. Jahrhundert berichten.

Respekt verschafften sich die Küherhunde bei den Rindviechern, indem sie gezielt in die Fesseln kniffen. Dieses sogenannte Stechen war für die Hunde nicht ungefährlich, denn der reflexartige Tritt der Kuh konnte die verhältnismäßig kleinen Kerle schwer verletzen oder töten. Daher wurde nur mit den geschicktesten Hunden weiter gezüchtet.

1914 wurde das erste Zuchtbuch für den Appenzeller Sennenhund mit rund 100 Hunden eröffnet. Neben den äußeren Merkmalen spielte die Gebrauchsfähigkeit der Tiere eine große Rolle bei der Zucht. Hunde, die zu nichts taugten, wurden radikal aussortiert. Für den Entlebucher Sennenhund wurde der erste Standard 1927 verfasst. Der Entlebucher ist etwas kleiner als der Appenzeller und hat einen walzenförmigen Rumpf. Der Rassestandard schreibt für den Entlebucher die Grundfarbe schwarz mit möglichst symmetrischen (gelb- bis bräunlich rostroten) lohfarbenen und weißen Abzeichen vor. Beim Appenzeller gibt es neben den Tieren mit der schwarzen Grundfarbe auch eine havannabraune Variante.

Wichtigstes Unterscheidungsmerkmal zwischen Appenzeller und Entlebucher Sennenhund ist die Rute: Der Appenzeller trägt sie als Ringelrute über dem Rücken und der Entlebucher schwebend hängend. Die Rute des Entlebuchers wurde früher kupiert, was heutzutage verboten ist. Etwa sechs Prozent der Entlebucher haben jedoch eine angeborene Stummelrute. Tiere mit dieser verkürzten Rute dürfen nicht miteinander verpaart werden, weil dies die Welpensterblichkeit deutlich erhöht. Bei der Paarung von einem Hund mit Stummelrute mit einem Tier mit normal langer Rute besteht diese Gefahr hingegen nicht.

Entlebucher und Appenzeller Sennenhund sind nicht leicht zu unterscheiden, die wichtigsten Unterscheidungsmerkmale finden sich in der Tabelle.

Barbara Welsch

Appenzeller und Entlebucher Sennenhund im Überblick

Appenzeller
Rüde: 52–56 cm (Toleranz 50–58 cm) Schulter-
höhe; Hündin: 50–54 cm (Toleranz 48–56 cm)
Schulterhöhe
Quadratischer Körperbau, leicht überbaut
(Kruppe etwas höher als Widerrist)
Pfiffiger Gesichtsausdruck
Hoch angesetzte, kräftige Ringelrute

Entlebucher
Etwas kleiner, Rüden: 44–50 cm (Toleranz
bis 52 cm) Schulterhöhe; Hündin 42–48 cm
(Toleranz bis 50 cm) Schulterhöhe
Eher rechteckiger Körperbau mit geradem
Rücken, Schulterhöhe/Körperlänge = 8/10
Aufgeweckter, kluger, freundlicher Gesichts-
ausdruck
Hängend getragene Rute oder angeborene
Stummelrute

Mittelspitz

Zwergspitz

RASSEPORTRÄT: SPITZ

Spitzartige Hunde mit quadratischem Körperbau, Wuschelpelz, kleinen Stehohren und einer über dem Rücken geringelten Rute gibt es wahrscheinlich schon seit der Steinzeit. Während die Nordischen Spitze zu Schlitten- und Jagdhunden wurden, entwickelten sich die Spitze in Mitteleuropa zu eher ortstreuen Wachhunden. Ihr dichter Pelz erlaubte es ihnen, auch in kalten Winternächten draußen Wache zu schieben, und mit ihren aufrechten Stehohren nahmen sie herannahende Fremde bereits lange wahr, bevor diese in Sicht kamen. Im Mittelalter waren die europäischen Spitze als Bauernhunde außerdem äußerst beliebt, weil sie keine Jagdleidenschaft zeigten und so die adligen Herren nicht verärgerten.

Den fehlenden Jagdtrieb machten die Spitze mit einer entschlossenen Verteidigungsbereitschaft wett, wenn es um das Hab und Gut ihres Menschen ging. Etwas kleinere Exemplare arbeiteten als hochsensible Alarmanlagen auf Fuhrwerken und kläfften bis zur Heiserkeit, wenn Fremde der Fracht zu nahe kamen. Die großen Wolfsspitze beschützten Haus und Hof. Zum Hof konnten dabei auch Feld und Flur gehören. In Stuttgart gab es bis zum 2. Weltkrieg ein Denkmal, das einen Winzer mit seinem Weinbergspitz zeigt. Der kleine Hund, der seinem Herrn knapp unters Knie reichte, vertrieb nicht nur Menschen, sondern auch Vögel von den süßen Trauben. Ein anderer Beruf des Spitzes war das Hüten von Vieh. Der Hütespitz soll auch zu den Vorfahren der Schäferhunde zählen.

In vielen Gegenden galt der Spitz als Haus- und Hofhund schlechthin. Wilhelm Busch verewigte ihn in seinem „Max und Moritz", wo er der Witwe Bolte einen Spitz an die Seite dichtete und zeichnete. In einigen Ländern hatte der Spitz aber auch einen schlechten Ruf. In England galt er als mürrisch und gefährlich für Kinder.

Mit dem Aufkommen der gezielten Rassezucht teilte man die Spitze ihrer Größe nach in verschiedene Rassen ein. Die größten Exemplare sind die Wolfsspitze, gefolgt vom Großspitz, dann kommen Mittelspitz, Kleinspitz und Zwergspitz. Als Familienhunde bellen Spitze heute deutlich weniger, sodass sie ihren schlechten Ruf als Kläffer zu Unrecht haben. Tatsächlich sind Groß- und Mittelspitz so selten geworden, dass die Gesellschaft zur Erhaltung alter und gefährdeter Haustierrassen die beiden Spitze zusammen mit dem Deutschen Pinscher 2003 zur vom Aussterben bedrohten, gefährdeten Haustierrasse erklärte.

Barbara Welsch

Überblick über die verschiedenen Spitzarten

Spitzart	Schulterhöhe	Gewicht
Wolfsspitz/Keeshound	43–54 cm	18–27 kg
Großspitz	42–50 cm	15–20 kg
Mittelspitz	30–38 cm	7–10 kg
Kleinspitz	23–29 cm	4–5 kg
Zwergspitz/Pomeranian	18–22 cm	2–3 kg

RASSEPORTRÄT: DEUTSCHER PINSCHER

Von allen Bauernhunden ist der Deutsche Pinscher am besten für ein Leben in der städtischen Etagenwohnung geeignet: Er ist weit weniger territorial als der Berner Sennenhund, schweigsamer als der Spitz und wenn er durch Krankheit oder Alter gehandicapped ist, ist er gerade so klein, kompakt und leicht, dass man ihn notfalls die Treppen hochtragen kann.

Die pinscherartigen Hunde entwickelten sich wahrscheinlich zeitgleich mit den Spitzen. Während die dicht bewollten Spitze aufgrund ihrer Wetterfestigkeit im Norden bevorzugt wurden, waren die glatt- und rauhaarigen Pinscher in Regionen mit milderem Klima beliebter. Die äußerst wendigen und flinken Hunde, die man auch Rattler nannte, jagten Ratten und Mäuse und hielten die Ställe und Scheunen frei von den Schadnagern. Auf dem Hof und auf den Fuhrwerken dienten sie außerdem als aufmerksame Wächter. Beim Wachdienst hielten sie sich nicht lange mit Laut geben auf, sondern waren dafür bekannt, dass sie im Falle eines Falles erst schnappten und dann fragten. Tatsächlich soll der Name Pinscher vom englischen „pinch" oder dem französischen „pince" stammen, was beides „kneifen, zwicken" bedeutet.

Bis zu Anfang des 20. Jahrhunderts kannte man glatt- und rauhaarige Pinscher. Als die gezielte Zucht begann, wurden aus den rauhaarigen Pinschern die Schnauzer. Während sich die Schnauzer, der große Dobermann-Pinscher und der Zwergpinscher großer Beliebtheit erfreuten, geriet die Urform der Pinscher, der mittelgroße Deutsche Pinscher, immer mehr in Vergessenheit und stand nach dem 2. Weltkrieg kurz vor dem Aussterben. Nur das beherzte Einkreuzen von kleinen Dobermännern und etwas zu großen Zwergpinschern konnte die Rasse damals retten.

Der Deutsche Pinscher blieb jedoch bis weit über die Jahrtausendwende hinaus in seinem Fortbestand gefährdet und wurde von der Gesellschaft zur Erhaltung alter und gefährdeter Haustierrassen mit den Spitzen 2003 zur vom Aussterben bedrohten Haustierrasse erklärt. Mit Wurfzahlen um die 400 Welpen jährlich ist der Fortbestand der Rasse heute gesichert.

Der elegante, bewegungsfreudige Hund ist ein idealer Begleiter beim Wandern, Joggen und Radfahren. Mit seinem quadratisch praktischen Körperbau und seiner Wendigkeit eignet er sich für alle Sportarten - außer für den Wassersport, denn ein typischer Pinscher ist wasserscheu und bleibt lieber trocken.

Barbara Welsch

Der deutsche Pinscher im Überblick

Schulterhöhe	45–50 cm
Gewicht	14–20 kg
Körperbau	Quadratisch, hochbeinig, kräftig, aber schlank
Haarkleid	Kurz und dicht, glatt anliegend und glänzend
Farben	Einfarbig hirschrot, rotbraun bis dunkel; rotbraun oder schwarz mit roten Abzeichen

RASSEPORTRÄT: LEONBERGER

Der imposante Hund, der ein bisschen einem Löwe ähnelt, entstammt keinem regionalen Bauernschlag, sondern ist eine Schöpfung des Leonberger Stadtrats Heinrich Essig (1808–1889). Der Leonberger gehört dennoch unbestritten zu den Bauernhunden, weil Essig große Bauernhunde mit deutlichem Stirnabsatz, Hängeohren und leicht verkürzter Schnauze, wie zum Beispiel Bernhardiner, mit Neufundländern verpaarte. Das erste Zuchtpaar soll ein langhaariger Bernhardiner mit einer schwarz-weißen Landseer Hündin gewesen sein (Landseer sind gescheckte Neufundländer).

Die ersten Leonberger wurden um 1846 geboren. Die mächtigen Kerle galten bald als Statussymbol. Fürsten wie König Edward VII. von England oder Kaiser Napoleon III. von Frankreich und Künstler, zum Beispiel Richard Wagner, kauften die Löwenhunde, die damals jedoch nicht immer wie Löwen aussahen. Obwohl Essig von Anfang an ein löwenähnlicher Hund als Zuchtziel vorschwebte, setzte sich die gelbe oder gelbrote Grundfarbe bei schwarzer Maske und schwarzen Haarspitzen erst allmählich durch.

Anfangs waren die Hunde häufig schwarz-weiß gescheckt oder silberfarben mit dunkler Maske. Die silberfarbene Variante war in adligen Kreisen besonders beliebt. Kaiserin „Sisi" von Österreich soll sieben silberweiße Leonberger besessen haben. So beliebt der Leonberger bei den Reichen und Mächtigen war, in den Kreisen der Hundekundigen wurde die Rasse lange Zeit verspottet, denn sie galt als Abklatsch des Bernhardiners und wurde daher auch Leonhardiner genannt.

Heute ist der Leonberger längst eine etablierte Rasse. Er gilt als gelehriger, ruhiger und souveräner Familien- und Begleithund, der auch bei Lärm und Aufregung gelassen reagiert. Wie die meisten Hunde seiner Größenordnung sind Sportarten, die Wendigkeit und Sprungvermögen erfordern wie beispielsweise Agility, nicht seine Sache. Wer sich einen solchen Riesen anschaffen möchte, sollte möglichst ebenerdig wohnen oder einen Lift im Haus haben, denn das Treppensteigen kann zum Problem werden. Darüber hinaus sollte man sich im Klaren sein, dass ein großer Hund meist auch höhere Unterhaltskosten bedeutet, denn er braucht nicht nur mehr Futter, auch die benötigten Mengen an Anti-Parasiten-Mitteln und Medikamenten richten sich nach dem Körpergewicht des Hundes.

Barbara Welsch

Der Merkmale des Leonbergers

Schulterhöhe	Rüde: 72–80 cm
	Hündin: 65–75 cm
Gewicht	Rüde: ca. 50–70 kg
	Hündin: ca. 45–60 kg
Körperbau	Muskulös, elegant langestreckt: Schulterhöhe zu Rumpflänge 9/10; die Brusttiefe beträgt annähernd die Hälfte der Schulterhöhe
Haarkleid	Mittelweich bis derb, lang, glatt bis leicht gewellt, an Hals und Brust eine Mähne bildend
Farben	Löwengelb, gelb, gelbrot, sandfarben mit schwarzer Maske und schwarzen Haarspitzen

RASSEPORTRÄT: WESTERWÄLDER KUHHUND – DER KUHZÄHLER

Sie sehen auf den ersten Blick geradezu kuschelig aus mit ihrem dicken, rotbraunen Fell. Unter den Hütehunden zählen sie eher zu den kleineren, und der Stop, ein relativ ausgeprägter Stirnansatz, verleiht ihnen eine Optik in der Nähe des Kindchenschemas. Aber wer dieses Buch nach dem Einband beurteilt, begeht einen schweren Fehler. Der Hund sucht seinesgleichen hierzulande, was Robustheit, Eigenständigkeit des Charakters und Durchsetzungsfähigkeit angeht. Die braucht er auch.

Es handelt sich um einen Kuhhund, genauer, den Westerwälder bzw. Siegerländer. Wobei diese nähere Eingrenzung an sich überflüssig wäre, denn in Deutschland gibt es sonst keinen. Er ist der einzige Hund, der, wie der Name schon sagt, Rinderherden hüten kann. Theoretisch wären die anderen Schläge dazu zwar in der Lage, was ihr „Wissen" betrifft, doch von wenigen Ausnahmen abgesehen wird sich kaum

einer überreden lassen, an einem Jungrind ernst zu machen, geschweige denn an Mutterkühen oder Bullen. Der Hund ist entsprechend forsch, dominant und in der Lage, an Rindern den nötigen Druck aufzubauen, andererseits wendig und schnell genug, um Tritten rechtzeitig ausweichen zu können – zumindest meistens.

Der Griff des Kuhhundes richtet sich für das Treiben an das trockene Bein, d.h. zwischen Sprunggelenk und Fessel, und an Schnauze und Nasenrücken, um das Rind zu stoppen. Letzteres kann in Mutterkuhherden lebensrettend für den Halter sein, doch beim Schaf ist beides nicht angebracht. Seit bei uns nur noch selten Rinder gehütet werden, ist der Kuhhund fast arbeitslos. Vereinzelt wird er bei großen Schafherden eingesetzt, im Rettungs- oder Wachdienst. Die Gesellschaft zur Erhaltung bedrohter Haustierrassen führt ihn als „extrem gefährdet".

RASSEPORTRÄT: GELBBACKE

Es ist alles ein wenig verwirrend, denn der Begriff Gelbbacke kann sowohl für Typen als auch für Schläge stehen. Einerseits beschreibt die Bezeichnung eine bestimmte Fellzeichnung. Andererseits gibt es Gelbbacken als verschiedene Schläge unterschiedlicher Regionen, wie Mitteldeutsche Gelbbacken. Sie unterscheiden sich dort von Mitteldeutschen Schwarzen oder Mitteldeutschen Füchsen nur durch ihre Fellfarbe.

Gelbbackige Schläge andernorts heißen entsprechend Süddeutsche Gelbbacke oder Gelbbacken-Strobel. In Mitteldeutschland ist dieser Hütehund auch noch relativ weit verbreitet. Die Tiere sind feingliedriger als ihre Kollegen im Süden, ausdauernde Traber mit einem nicht zu festen Rippen- oder Keulengriff.

Meist haben sie Stehohren, Kippohren kommen aber auch vor. Besonders charakteristisch ist ihre Zeichnung: Das schwarze Langstock-

haar zeigt um Fang, an den Beinen (Läufen) und über den Augen Abzeichen in rot, gelb oder braun. Letztgenannte brachten ihnen die Spitznamen „Vierauge" ein.

Hunde des Schlages Gelbbacke gelten als vergleichsweise leichtführig, robust und hart.

Die lange und lang behaarte Rute tragen sie leicht geschwungen. Sie sind der Schlag, der unter den Altdeutschen Hütehunden dem Deutschen Schäferhund rein äußerlich am nächsten kommt. Doch verwechseln kann man sie kaum. Die Gelbbacke hat nämlich einen geraden Rücken. Das ist auch so gewünscht.

Strobel, dunkel, Fell rau- bis zotthaarig

Heller Strobel

RASSEPORTRÄT: KEIN PUDEL IM SCHAFPELZ – STROBEL UND SCHAFPUDEL

Mit dem Pudel hat der Schafpudel nichts zu tun. Der Pudel hat seine Wurzeln bei den Jagdhunden und apportierte vor allem Wasserwild. Sein Fell unterliegt nicht dem saisonalen Wechsel, weshalb er geschoren werden muss - im Gegensatz zum Schafpudel. Auch werden dem gemeinsamen Namen verschiedene Ursprünge zugeordnet. Der Pudel hat seinen vom „Puddeln", was im Altdeutschen so viel bedeutet wie plantschen. Der Schafpudel jedoch hat seinen vom niederdeutschen „Pfuhl", einer schlammigen Pfütze, und bezieht sich auf das weiche, fließende Fell. Dies verleiht dem Inhaber bzw. seinen Bewegungen eine besondere Eleganz, bei der Fans der Rasse ins Schwärmen geraten. Zu ihnen zählte auch der Heidedichter Hermann Löns. In seinem Werk „Die Deutschen Schäferhunde" werden alle irgendwie „zotthaarigen" Hütehunde als Pudel bezeichnet und in eine Reihe gestellt mit dem französischen Barbet, Bobtail, Owtscharka oder Kommodorek. Ob ihre äußerliche Ähnlichkeit tatsächlich in allen Fällen auf nahe Verwandtschaft beruht oder darauf, dass eine vergleichbare Umgebung diesen Phänotyp hervorbrachte, ist ungewiss. Meist sind Schafpudel grau bzw. hell bis weiß, es sind aber alle Farben erlaubt.

Der Schafpudel gilt als besonders temperamentvoller und aktiver Hund mit ausgeprägtem Hüteverhalten und als einer der ältesten Schläge. In Privathänden ist er schnell unterfordert und nur bei außerordentlich sportlichen Menschen gut aufgehoben. Dabei reicht es nicht nur, ihn körperlich auszulasten, der wache Kopf will ebenfalls beschäftigt werden.

Arbeitshippie

Der klassische Strobel hat zwar ein ähnliches Fell, doch ist er größer und kräftiger. Er ist vorwiegend dunkel, die Farbschläge Tiger oder Gelbbacken sind möglich. Seinem Arbeitsgebiet angepasst ist er der Schwerarbeiter unter den Altdeutschen Hütehunden. In den hügeligen bis gebirgigen Lagen ist mehr Kraft vonnöten, weniger langes Dahintraben wie im Flachland. Charakterlich tendiert er in einigen Linien zudem zum Verhalten eines Herdenschutzhundes mit etwas mehr Naturschärfe.

Schafpudel, ungeschoren langzotthaarig

SPECIAL: UND DER DEUTSCHE SCHÄFERHUND?

Max Emil Friedrich von Stephanitz, Offizier und Hundefreund, beobachtete am Rande eines Manövers einen Schäfer und seine Hunde. Er war so begeistert von deren Zusammenarbeit, dass er beschloss, aus ihnen den perfekten Arbeitshund zu züchten. Allerdings bereits nicht mehr mit rein pazifistischen Absichten. Er kaufte drei Hunde, die seiner Idealvorstellung am nächsten kamen, und begann die Zucht. 1894 wurden die ersten fünf Exemplare auf einer Dortmunder Ausstellung vorgestellt und sorgten für Aufsehen. Für von Stephanitz wurden die Hunde, wenn nicht zur Obsession, so doch zu einer sehr ausgeprägten Passion. Immerhin gründete er einen Verein, dessen Präsident er wurde, und verfasste ein 1000 Seiten starkes Werk „Der Deutsche Schäferhund in Wort und Bild". Darin erklärt er das Ziel, nämlich „Hunde deutscher Abstammung mit ausgeprägtem Kampftrieb". Bereits im 1. Weltkrieg wurden denn auch Deutsche Schäferhunde eingesetzt, im 2. ebenfalls: 30 000 Hunde waren es da, von denen die meisten ihr Leben ließen.

Der Schäferhund wurde nach der Ideologie des Menschen geformt. Längst wachte, schützte, kämpfte, beeindruckte oder auch nur schmückte er fast rund um die Welt und wurde ein Exportschlager. Teils astronomische Summen werden für Zuchtrüden bezahlt, bis heute unter anderem in China. Von seinem einstigen Beruf, dem Schafehüten und auch Schützen, war in diesen Hunden nicht mehr viel übrig geblieben. Bis in die 1970er Jahre hinein hätte er dies noch tun können, in Ostdeutschland darüber hinaus.

Doch dann bildete sich im Westen Deutschlands ein neues Schönheitsideal. Kräftiger sollte der Hund werden, massiger – dabei aber vermeintlich elegant und agil wirken. Erreicht wurde dies durch die heruntergezogene Rückenlinie, die den Hunden den Anschein verlieh, sie seien ständig auf dem Sprung.

Wer eine Hundeausstellung besucht, muss kaum die vielen Studien lesen, die klar belegen: Die Hunde sind krank, haben Schmerzen, können zum Teil nicht einmal mehr adäquat geradeaus traben. Doch auf den Hund zu schimpfen, hilft nicht, und man trifft den falschen. Es waren die, die früher in Sportanzügen auf den Schäferhundplätzen ihr eigenes Selbstwertgefühl damit aufwerteten, dass sie einem an sich gutmütigen, intelligenten und selbstständig denkenden Hund Kadavergehorsam einprügelten. Sie haben nicht nur das Skelett dieser Hunde ruiniert, sondern auch ihr Interieur. Kein Hund beißt so oft zu wie der Deutsche Schäferhund – und dann meist jene, die gar nichts dafür können.

In Leistungslinien konnte sich einiges des Potenzials der Rasse zum Glück bis heute bewahren. Aus ihnen rekrutieren Verantwortungsbewusste die Rettungs- und Suchhunde, Blindenführ- und Assistenzhunde. Wobei ihnen dort vor allem die Retriever zunehmend den Rang ablaufen. Noch immer ist der Deutsche Schäferhund Gebrauchshund Nummer 1 in der Welt. Millionen von ihnen stehen bei Polizei und Militär in Diensten, doch auch hier wächst die Konkurrenz. Immer häufiger werden sie ersetzt, beispielsweise durch den Belgischen Schäferhund. In Familien, im Stadtbild, ja selbst auf dem Land, sieht man sie ebenfalls immer seltener.

Der Deutsche Schäferhund als Leistungsträger

Es gibt ihn noch, den Deutschen Schäferhund an der Schafherde. In Hüte- und Arbeitslinien haben sich seine Tugenden erhalten. Charakterfest und robust sind sie deutliche Zweinutzungshunde und treiben bzw. hüten nicht nur, sie schützen auch ausgeprägt.

Altdeutscher Schwarzer

RASSEPORTRÄT: DIE SCHWARZEN –
KÖNNEN AUCH FÜCHSE SEIN

Altdeutsche Schwarze sind in unterschiedlichen Schlägen in Süd- und Mitteldeutschland zu Hause. Beim Altdeutschen Süddeutschlands sind die Charakteristika eines Herdenschutzhundes recht ausgeprägt. Sie sind die größten und kräftigsten und setzen diese körperliche Stärke auch ein. Sie können an einer Herde am meisten „Druck aufbauen", jedoch setzen sie ihren Griff an den Schafen nur selten ein - sie haben es wohl schlicht nicht nötig. Die ihnen bescheinigte niedrigere Reizschwelle und Naturschärfe richten sich weniger gegen ihre Schutzbefohlenen als gegen vermeintliche Bedrohungen dieser von außen.

Süddeutscher Schwarzer

Die Schwarzen Mitteldeutschlands sind hingegen kleiner und leichter, ebenso wie die dortigen Gelbbacken und Füchse. Die Farbschläge werden auch miteinander verpaart und sind innerhalb eines Wurfes möglich.

RASSEPORTRÄT: HARZER FUCHS

Unter „Füchsen" versteht man jeden Altdeutschen Hirtenhund der entsprechenden Färbung. Unter Mitteldeutschem Fuchs jene Färbung mit ihrem Ursprung in der genannten Region.

Eine weitere Varietät dazu ist der Harzer Fuchs. Einst war ihr Schicksal eng verbunden mit einer bestimmten Nutztierart, dem Harzer Rotvieh. Dies wird aber kaum noch gehütet, und der Harzer ist praktisch in den Mitteldeutschen aufgegangen. Es werden noch jene als Harzer Füchse bezeichnet, die auch tatsächlich dort im Einsatz sind oder deren direkte Vorfahren von dort stammen.

Dank einiger besonders engagierter Züchter konnte gerade der Fuchs seine Aufgabenfelder erweitern. Zwar ist auch er wegen seiner Herkunft als Arbeitshund nur bedingt als Familienhund geeignet, doch dank seiner Agilität und schnellen Auffassungsgabe findet er zunehmend im Hundesport, vor allem aber auch im Rettungseinsatz, neue Betätigungsfelder.

RASSEPORTRÄT: BERGAMASKER HIRTENHUND

Cane de Pastore Bergamasco, so sein voller Name. Was klingt wie ein Adelstitel, gehört zu einem Hund, der erst einmal sehr rustikal wirkt mit seinen langen Zotteln in fast allen Facetten von Grau. Die nähere Betrachtung offenbart, warum die, die ihn kennen, ihn so schätzen. Teilt man das Stirnhaar, blickt einem ein wacher und intelligenter Charakter freundlich entgegen. Der Bergamasco ist nicht nur ein Zweinutzungshund fürs Hüten und Schützen, er hat sogar zwei Arten von Fell. Im vorderen Bereich um Gesicht, Hals und Brust erinnert es an Ziegenhaar, im Anschluss folgen die Zotteln, die sich im Laufe der Zeit entwickeln und dort durchaus erwünscht sind, mit dichter Unterwolle. Vermutlich brachten Römer einige dieser Hunde vor rund 2000 Jahren ins heutige Italien. In Norditalien, vor allem natürlich um Bergamo, war die Rasse einst weit verbreitet. Einige findet man auch heute noch dort. Seine Ausgeglichenheit und dass er allgemein sehr menschenbezogen ist, empfehlen ihn aber auch für andere Umfelder als das alpine Hüten von Schaf, Ziege und Rind. Der robuste Hund lässt sich für den Hundesport begeistern und ist durchaus auch in einem familiären Umfeld gut aufgehoben – gern in einer größeren Familie, in der ordentlich etwas los ist.

Dabei ist er weniger pflegeaufwendig, als sein Äußeres es vermuten lässt. Gelegentliches Bürsten im Kopf- und Halsbereich genügt, damit die typische Zweiteilung erhalten bleibt. An der Körperunterseite wird der Hund meist aus rein praktischen Gründen rasiert.

Da der Hund trotz seiner vielseitigen Talente – auch als Begleiter in der Familie – weitgehend unbekannt ist und in seiner Heimat die klassischen Aufgabenfelder immer weniger werden, ist die Situation der Rasse nach Einschätzung der Gesellschaft zur Erhaltung alter und gefährdeter Haustierrassen besorgniserregend.

Zunehmend werden „exotische" Hütehunde wie z. B. die Australier Koolie (Foto), Kelpie oder Cattle Dog gehalten.

SPECIAL: HOBBYSCHÄFER FÜR DEN HUND

Immer öfter entdecken Hobbylandwirte die Haltung von Nutztieren wie Schafen oder Ziegen für sich. Andere haben sich, von Arbeitshunden begeistert, einen zugelegt und sind sogar bereit, sich Schafe oder Ziegen anzuschaffen, um ihre Hunde artgerecht zu beschäftigen. Die Vorstellung, nach einem bewegungslosen Tag im Büro sich und seinen Hund an Abenden und Wochenenden als Schäfer körperlich auszulasten, erscheint reizvoll. Jedoch gilt zu bedenken, dass weder Schafe noch Hund davon profitieren. Die Schafe sollen den Tag über fressen, um abends satt zu sein. Das funktioniert ab einer Herdengröße von mehreren Hundert Tieren und einem Hund. Bei deutlich weniger Schafen hält der Hund sie mit seinem Hütetrieb vom Fressen ab. Grundsätzlich soll dies niemanden von seinem Traum, Freizeitschäfer zu werden, abhalten, aber einkalkuliert werden.

Auch seinen Herdenschützer mit den Schafen tagsüber alleine zu lassen, kann problematisch werden. In Ermangelung eines Chefs wird der Hund selber entscheiden, was mit ahnungslosen Spaziergängern („ach ist der süß, sieht ja aus wie ein Teddybär, den will ich mal streicheln") oder vorwitzigen Hunden geschieht, die die Schafe durcheinanderbringen. In Regionen, wo tatsächlich Wolf & Co. vorkommen, sind tagsüber die Hirten mit ihren Hütehunden bei den Schafen und Ziegen, die Herdenschützer kommen vor allem nachts zum Einsatz, wenn die Tiere in den Koppeln sind. Diese dürfen auch die Hunde dann nicht verlassen. Stellt ein Herdenschützer einen Spaziergänger oder verletzt einen Hund, ist der juristische Ärger vorprogrammiert – auch dort, wo Schilder warnen. Wer auf solche Hinweise stößt, sollte bitte seinen Hund an die Leine nehmen und um die Herden einen großen Bogen machen, damit die Arbeitshunde in Ruhe ihren Job machen können, egal, zu welcher Tages- und erst recht Nachtzeit. Mit Einbruch der Dunkelheit werden sie nämlich aus bereits genannten Gründen richtig „dienstlich".

Rasseporträt: Nova Scotia Duck Tolling Retriever

Retriever sind echte Arbeitshunde, wenn man sie auch heute sehr oft „nur" als Familienhunde antrifft. Eigentlich wurden sie als reine Apportierhunde und Helfer des Menschen gezüchtet. Der Labrador half zum Beispiel den Fischern, ihre Netze einzuholen. Das dichte stockhaarige Fell ist optimal für die Arbeit im Wasser geeignet. Ihr Wille, dem Menschen alles recht zu machen, hat dafür gesorgt, dass sie gerade auf dem nordamerikanischen Kontinent die meist geführten Hunde sind. Ob als Begleithund, Drogenhund, Blinden- oder Jagdhund, der Retriever, in erster Linie der Labrador, ist überall dabei.

Der Entenlockvogel

Ursprünglich stammt dieser fröhliche, lebhafte Hund aus Schottland, kam dann mit Aussiedlern nach Kanada und wurde dort als Gebrauchshund verwendet. Als eigenständige Rasse wurde der Toller jedoch erst 1945 anerkannt. Er genießt unter den Retrievern, ja sogar unter den Jagdhunden, eine Sonderstellung. „Duck Tolling" heißt „Enten anlockend" und gibt über die Arbeit dieser kleinsten Retrieverrasse schon ein wenig Auskunft. Der Toller ist der einzige Lockhund, der auf der Jagd Verwendung findet. Er hat einen ausgeprägten Spieltrieb und läuft und springt am Ufer eines Gewässers entlang. Dabei kann er von den Enten beobachtet werden. Der im Gebüsch versteckte Jäger unterstützt den Hund dabei durch Werfen von kleinen Apportiergegenständen. Da Enten von Natur aus neugierig sind, schwimmen sie auf den spielenden Hund zu und geraten somit in die Reichweite der Flinte des Jägers. Die geschossenen Enten apportiert der Toller dann aus dem Wasser.

Bei der Arbeit

Der Toller ist mit seinen bis 51 cm Schulterhöhe zwar nicht gerade ein Riese, aber ein ausgesprochen starker Schwimmer und er apportiert sicher aus dem Wasser und auch an Land. Durch sein wasserabweisendes, dichtes, mittellanges Haar mit weicher Unterwolle ist er gut gegen kaltes Wasser geschützt. Die Farbe seines Fells ist rot bis orange mit kleinen weißen Abzeichen.

In der Familie

Der Toller fügt sich sehr gut in seine Familie ein und ist ein intelligenter, lebhafter und liebenswerter Hausgenosse, der durchaus auch einmal stur und muffelig sein kann. Er braucht viel Zuwendung und Beschäftigung, um sich rundum wohl zu fühlen. Gegenüber Fremden ist er eher reserviert und will erobert werden. Diese Zurückhaltung gegenüber Fremden macht ihn auch zu einem guten Wachhund, der die Grenzen seines Bereiches zu verteidigen weiß. Bei der Arbeit ist er gelehrig und folgsam und legt eine große Arbeitsfreude mit Temperament an den Tag.

Er wird nicht nur als Lockhund und Apportierer eingesetzt, sondern kann durchaus auch auf der Schweißfährte geführt werden. Gegenüber den anderen Retrievern hat er eher einen lockeren Hals (bellt leichter), sodass ihm auch Sicht- und Standlaut antrainiert werden können.

Egbert Urbach

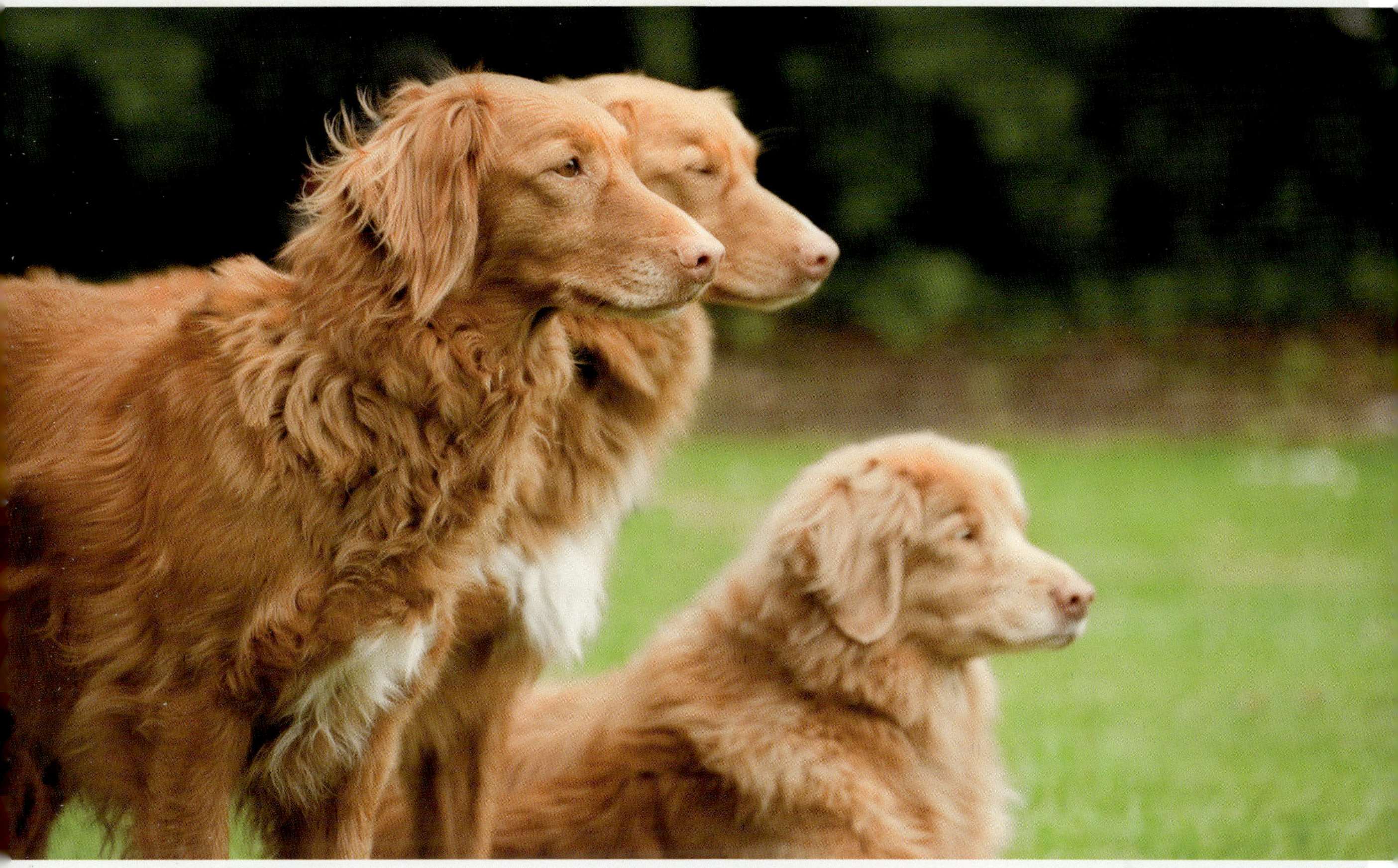

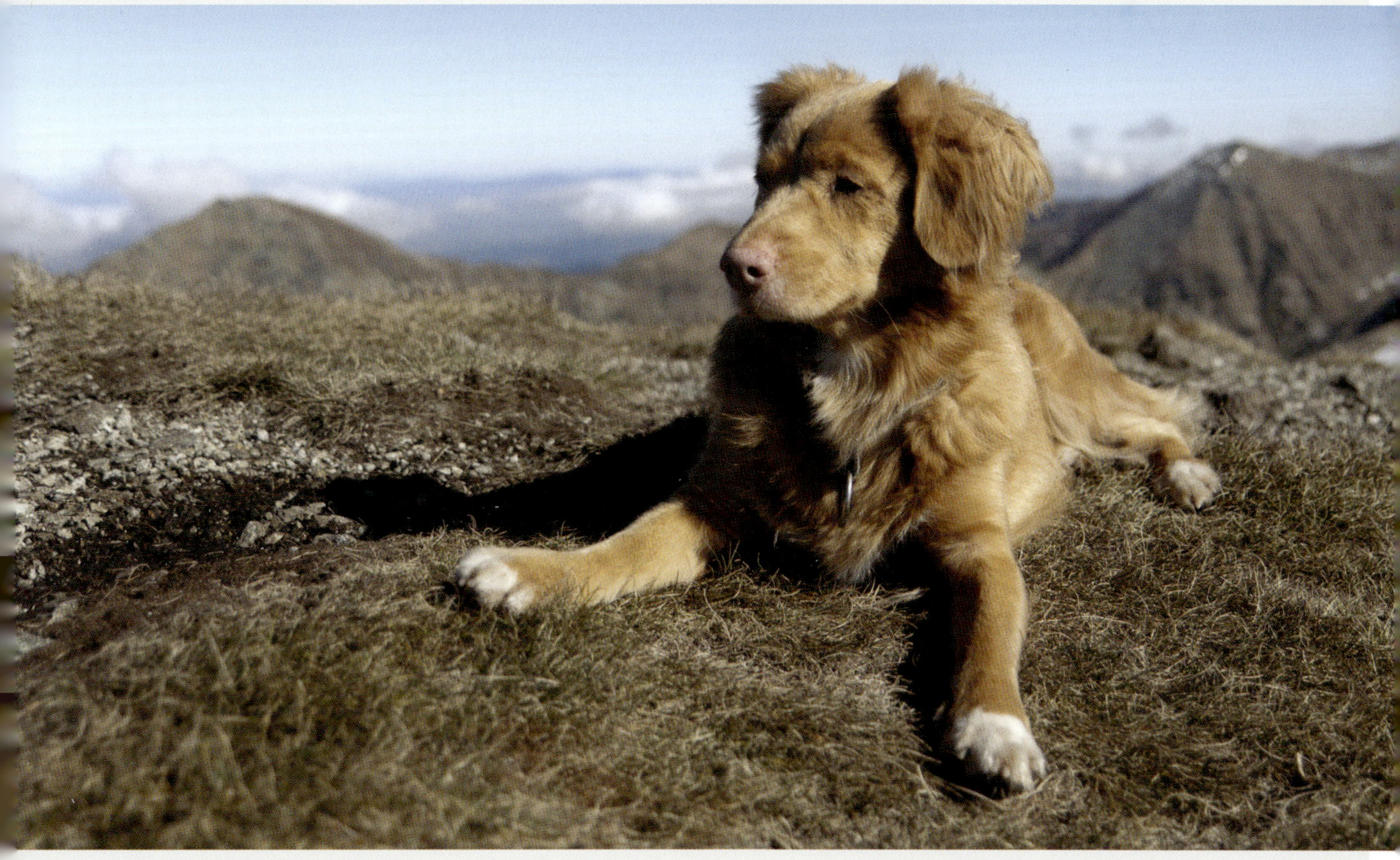

Labrador Retriever in vier Farbschlägen

Curly-Coated Retriever

Golden Retriever

Flat-Coated Retriever

Chesapeak-Bay Retriever

Retriever

Retriever sind echte Jagdhunde, auch wenn sich heute deutlich mehr einen Platz in der Familie erobert haben. Für diese neue Aufgabe sind eigens auf Familienfreundlichkeit ausgelegte Zuchtlinien entstanden. Beim Golden Retriever und auch dem blonden Labrador fand parallel eine deutliche Aufhellung des Haarkleides statt. So „golden" sind sie äußerlich nicht mehr, doch haben sie ein goldenes Herz. Im Umgang mit Artgenossen ist dies nicht immer vorteilhaft, denn sie werden wegen ihres Sanftmutes auf der Hundewiese leicht zu Mobbingopfern.

Rasseporträt: Deutsch Kurzhaar

Der Deutsch Kurzhaar ist ein äußerst eleganter Hund, dem man ansieht, dass er ursprünglich überwiegend für die Arbeit im Feld gezüchtet wurde. Hochläufig, mit tiefer Brust und feiner Nase ausgestattet, ist er geradezu prädestiniert für die schnelle weite Suche nach Hühnern oder Fasanen im Feldrevier. Dies war wahrscheinlich auch der Ursprung dieser Rasse, die zu Netzjagden auf Federwild und bei Beizjagden im Mittelmeerraum eingesetzt wurde. Von dort aus kamen die Hunde an die deutschen Fürstenhöfe. Besonderer Wert wurde auf die guten Vorstehleistungen der Hunde gelegt. Mit der Entwicklung der Doppelflinte nahm die Federwildjagd natürlich deutlich zu, und nachdem die Jagd auch für das „gemeine Volk" möglich war, wurde aus dem reinen Vorsteher nach und nach ein Vollgebrauchshund.

Bei der Arbeit

Die Farben des Deutsch Kurzhaar sind Braun oder sog. Braunschimmel. Es gibt jedoch auch fast schwarze Hunde und Schwarzschimmel. Die schwarze Farbe dürfte auf die Einkreuzung schwarzer Pointer zurückzuführen sein. Deutsch Kurzhaar der schwarzen Farbvariante wurden lange in einem eigenen Zuchtbuch geführt und liefen unter dem Namen Preußisch Kurzhaar. Auch hier dürfte die politisch motivierte Abneigung gegen die Einkreuzung von englischen Hunden eine Rolle gespielt haben.

Im Gegensatz zum Pointer, dessen Erbe der Deutsch Kurzhaar nicht verleugnen kann, ist er ein absoluter Vollgebrauchshund. Aufgrund seiner Größe von bis zu 66 cm Schulterhöhe, und ausgeprägte Muskulatur wird er mit jedem Gelände fertig. Er ist äußerst ausdauernd und zeigt sowohl im Wasser als auch bei der Feld- oder Waldarbeit beeindruckende Leistungen. Bei der Beizjagd wird er gerne unter dem Falken geführt. Hier kann er seine feine Nase und die ausgezeichneten Vorstehmanieren bestens unter Beweis stellen.

Nähere Verwandte

Viele dieser Eigenschaften hat der Deutsch Kurzhaar als einer der Stammväter an den Deutsch Drahthaar weitergegeben. Auch die schwarzen Farbschläge des Deutsch Drahthaar gehen auf den Deutsch Kurzhaar zurück.

Nach dem Deutsch Drahthaar ist der Deutsch Kurzhaar der am meisten geführte deutsche Vorstehhund. Als Hausgenosse ist er sehr angenehm und kinderlieb, ohne jedoch zu vergessen, seine Familie und sein Heim zu schützen.

Eine Theorie besagt, dass der Weimaraner ebenfalls durch eine Farbmutation entstanden ist. Dies dürfte jedoch zwischenzeitlich widerlegt sein. Man geht davon aus, dass der Weimaraner, wie auch der Hannoversche Schweißhund, aus den alten Leithunden gezogen wurde. Den Weimaraner gibt es sowohl kurzhaarig als auch langhaarig. Auffällig sind die silbergraue Farbe und das helle Auge.

Egbert Urbach

Deutsch Kurzhaar

Deutsch Drahthaar

Weimaraner

RASSEPORTRÄT: POINTER

Der Pointer wurde ursprünglich in Spanien gezüchtet und kam von dort aus nach England, aber auch in Deutschland wurde bereits Anfang des 20. Jahrhunderts mit der planmäßigen Zucht dieser mittelgroßen Hunde begonnen. Pointer sind wohl die Vorstehhunde und Feldspezialisten schlechthin und finden sich als Einkreuzungen auch in vielen anderen Rassen wieder. Sie sind mit hoher Nase körperlich hervorragend für die schnelle Arbeit im Feld geeignet. Muskulös, mit tiefer Brust und der typischen leichten Himmelfahrtsnase sind sie in der Lage, große Flächen sehr schnell abzusuchen und mit der feinen Nase Wild zu finden. Aus dem Lauf heraus stehen diese Hunde das gefundene Federwild, wie Rebhühner und Fasanen, sicher vor und warten, bis der Jäger das Wild aus seinem Versteck scheucht (heraustritt), um es zu erlegen. Die Grundfarbe des Pointers ist weiß mit gelben, schwarzen oder braunen Abzeichen, allerdings kommen auch Farbvarianten wie schwarz, braun oder dreifarbig vor. Gerade die hellen Hunde sind bei der Feldarbeit auch auf große Distanzen sehr gut erkennbar.

Auf der Beiz

Pointer werden auch sehr gerne bei der Beizjagd eingesetzt. Steht der Hund sicher vor, lässt der Falkner seinen Vogel, z.B. Wanderfalken aufsteigen. Dieser schraubt sich auf seine Jagdhöhe empor und stellt sich über dem Hund ein, bis das Huhn oder der Fasan vom Falkner aufgescheucht wird. Dann stößt der Vogel auf das Wild und bindet es. Der Falke und der Hund arbeiten hier eng zusammen, wie dies auch bei anderen Jagdarten in der Falknerei beobachtet werden kann. Der Pointer darf beim Vorstehen das Wild nicht selbst aufmachen oder dem davon fliegenden Huhn oder Fasan hinterherlaufen (nachprellen).

Geduldsprobe

Es ist eine Augenweide, diese kurzhaarigen, eleganten Hunde in vollem Galopp über die Felder fegen und bei Wildwitterung wie Statuen erstarren zu sehen. Beginnt das Federwild, vor ihnen wegzulaufen, schleichen sie ihm langsam und geduckt nach. Wenn dieses stehen bleibt, erstarrt der Pointer wieder. Dies nennt man Nachziehen. Diese anstrengende Arbeit erfordert sehr viel Ausdauer und Durchhaltewillen, denn oft dauert solch eine Jagd den ganzen Tag und fordert den Hund aufs Äußerste. Viele Pointer sind inzwischen so gut ausgebildet, dass sie das geschossene Wild apportieren. Eine Arbeit, die man früher gerade in England den extra hierfür gehaltenen Retrievern überließ.

Ein Spezialist

Pointer sind von ihrer Anlage her sehr freundliche, feinnervige Hunde, die allerdings, um in Form zu bleiben, eine ganze Menge Bewegung brauchen. Im Gegensatz zu Englisch, Gordon und Irisch Setter, die nicht mehr nur als reine Vorstehspezialisten geführt werden, sondern deren Aufgabengebiet ständig erweitert wurde, wird der Pointer nach wie vor als reiner Feld- und Vorstehhund geführt.

Egbert Urbach

RASSEPORTRÄT: GROSSER MÜNSTERLÄNDER

Die Deutschen langhaarigen Vorstehhunde dürften geschichtlich auf die früher weit verbreiteten Vogelhunde zurückgehen. Diese stellten keine eigene Rasse dar, sondern es gab sie von kleinem Körperbau bis hin zu den großen Hühnerhunden. Auch die Farben waren sehr unterschiedlich, wobei die Grundfarbe überwiegend Weiß mit farbigen Platten gewesen sein dürfte. Ende des 19. Jahrhunderts wurden dann Deutsch Langhaar und Deutsch Kurzhaar beschrieben und mit der systematischen Zucht begonnen. Eine Farbvariante war der langhaarige, schwarzweiße Vorstehhund, während die andere Farbvariante braun, braunweiß geschimmelt oder braun mit weißen Platten gezüchtet wurde. Die schwarze Farbe wurde auf die Einkreuzung von englischen Settern zurückgeführt. Aufgrund der politischen Situation war England nicht gerade sehr beliebt, was schließlich dazu führte, dass die schwarzweiße Variante aus dem Zuchtbuch Deutsch Langhaar ausgeschlossen wurde. Die Schwarzweißen waren jedoch gerade in Norddeutschland sehr weit verbreitet und auf großen Bauernhöfen nicht nur für die Niederwildjagd, sondern auch als Hofhunde beliebt. So wurde 1919 im Münsterland ein eigenständiger Verband gegründet. Die Rasse erhielt den Namen Großer Schwarz-weißer Münsterländer Vorstehhund. Man könnte ihn mit Fug und Recht als Bruder des Deutsch Langhaars bezeichnen, der sehr ähnliche Eigenschaften zeigt.

Der Große Münsterländer ist heute ein Allrounder wie alle deutschen Vorstehhunde, wobei seine große Leidenschaft die Wasserarbeit ist. Diese Eigenschaft wird auch in der Zucht systematisch gefördert und die Großen Münsterländer erbringen hier ausgezeichnete Leistungen. Im Feld arbeiten sie schnell und zuverlässig, bevorzugen jedoch im Gegensatz zu anderen typischen Feldhunden eine engere Bindung an den Führer und arbeiten lieber in eher kürzerem Abstand zu diesem. Ihre große Stärke liegt in der Arbeit nach dem Schuss, d.h. beschossenes Wild zu finden und zu apportieren. Die Arbeit mit tiefer Nase auf der Spur liegt ihnen ganz besonders. Dies macht sie auch bei der Waldarbeit zu zuverlässigen Jagdbegleitern, da sie bei entsprechender Einarbeitung auch am Schweißriemen Beachtliches zu leisten im Stande sind und über eine gute Wild- und Raubwildschärfe verfügen.

Es darf nur mit Hunden gezüchtet werden, die sicht- oder spurlaut sind, also auf der Spur des Wildes oder zumindest hinter dem flüchtenden Wild bellen. Bei gesundem Wild hetzt er diesem jedoch nicht kilometerweit nach, sondern bricht nach einiger Zeit ab. Er eignet sich deshalb auch sehr gut zur Stöberjagd, z.B. auf Schwarzwild, da er sehr schnell, wenn das Wild gesund ist, zurückkommt und weiterarbeitet.

Wegen seines ruhigen und gelassenen Wesens wird er als Familienhund sehr geschätzt. Er kann genau unterscheiden, wer zur Familie gehört und wer dort nichts zu suchen hat. Er übernimmt gerne die Rolle des Bewachers der Familie und der Haustiere, wobei er gegenüber anderen Hunden und Menschen sehr gutmütig und verträglich ist. Allerdings benötigt er wie alle Jagdhunde jagdliche Arbeit, da er sonst einfach unterfordert ist.

Der Kleine Münsterländer stammt auch von den Vogelhunden ab, allerdings wurde hier von Anfang an darauf geachtet, nur mit der Grundfarbe Weiß mit braunen Platten oder geschimmelt zu züchten. Die Schulterhöhe, die beim Großen zwischen 60 und 70 cm liegt, ist beim Kleinen Münsterländer um etwa 10 cm geringer. Auch der Kleine Münsterländer deckt alle Wald-, Feld- und Wasserarbeiten ab.

Egbert Urbach

Rasseporträt: Griffon

Der Namen Griffon steht eigentlich für die französischen rauhaarigen Hunde, allerdings könnte man sagen, er ist der erste Europäer. Der Name französisch, der Züchter, ein Herr Korthals, ein Holländer und das Zuchtland Deutschland. Das Wort Griffon kommt vom französischen „griffonier", was so viel wie ungepflegter Lümmel heißt.

Korthals stellte bereits Ende des 19. Jahrhunderts sein erstes Zwingerbuch vor und züchtete rund 600 dieser Hunde, von denen er jedoch nur 65 ins Griffonregister eintrug, da sie seinen Vorstellungen entsprachen. Innerhalb von nur 12 Jahren hatte er eine eigenständige Rasse geschaffen, die bis heute sehr beliebt ist. Korthals war nicht das Aussehen der Hunde wichtig, sondern die jagdlichen Anlagen. So entstand wohl einer der ältesten deutschen Jagdgebrauchshunde.

Der Griffon ist ein fröhlicher und verträglicher Geselle, der mit Ruhe und Gelassenheit überzeugt. Auch sein wuscheliges Aussehen, das ihm etwas Pfiffiges und Gemütliches gibt, trägt zu seiner Beliebtheit bei. Allerdings sollte man sich von seinem Aussehen nicht täuschen lassen. Unter der wuscheligen rauen Jacke steckt ein echter Vollgebrauchshund, der ohne Probleme mit allen anderen Jagdhunden mithalten kann. Wie alle Jagdgebrauchshunde ist er erst auf der Jagd richtig zu Hause und bezieht seine Ruhe und Ausgeglichenheit aus der Arbeit. Im Feld bei der Suche mag er vielleicht nicht der Schnellste sein und nicht die großen Strecken wie Pointer oder der Deutsch Kurzhaar zurücklegen, aber in leichtem Galopp weiß er wohl mit feiner Nase sicher das Wild zu finden und vorzustehen.

Aufgrund seines widerstandsfähigen Haarkleides ist der Griffon auch sehr gut für die Wasserarbeit geeignet, und auch Dornen und Gestrüpp sind für ihn kein Hindernis. Seine Ruhe und Konzentrationsfähigkeit ermöglichen es ihm, auch bei der Arbeit am Schweißriemen recht gute Leistungen zu zeigen. In die Familie kann dieser leichtführige, verträgliche Vorstehhund sehr gut integriert werden und weiß diese auch zu verteidigen, wenn es darauf ankommt.

Der Griffon ist einer der Urväter des derzeit am meisten geführten Jagdgebrauchshundes in Deutschland, des Deutsch Drahthaar. Er wurde Ende des 19., Anfang des 20. Jahrhunderts aus den Rassen Deutsch Stichelhaar, Pudelpointer und Griffon gezüchtet. Unter Einkreuzung von Deutsch Kurzhaar entstand aus diesem rauhaarigen Vorstehhund der Deutsch Drahthaar, der sich zwischenzeitlich gegenüber den anderen Jagdhunderassen in der Anzahl deutlich durchgesetzt hat. Während der Griffon überwiegend Stahlgrau mit kastanienbraunen Flecken, Kastanienbraun mit weißer Stichelung oder seltener Kastanienbraun oder Weiß mit Orange vorkommt, kann der Deutsch Drahthaar sowohl als Braunschimmel mit oder ohne Platten, braun mit weißem Brustfleck oder als Schwarzschimmel mit oder ohne Platten vorkommen. Die Farbe Schwarz ist hier wohl als das Erbe des Deutsch Kurzhaar mit eingeflossen.

Egbert Urbach

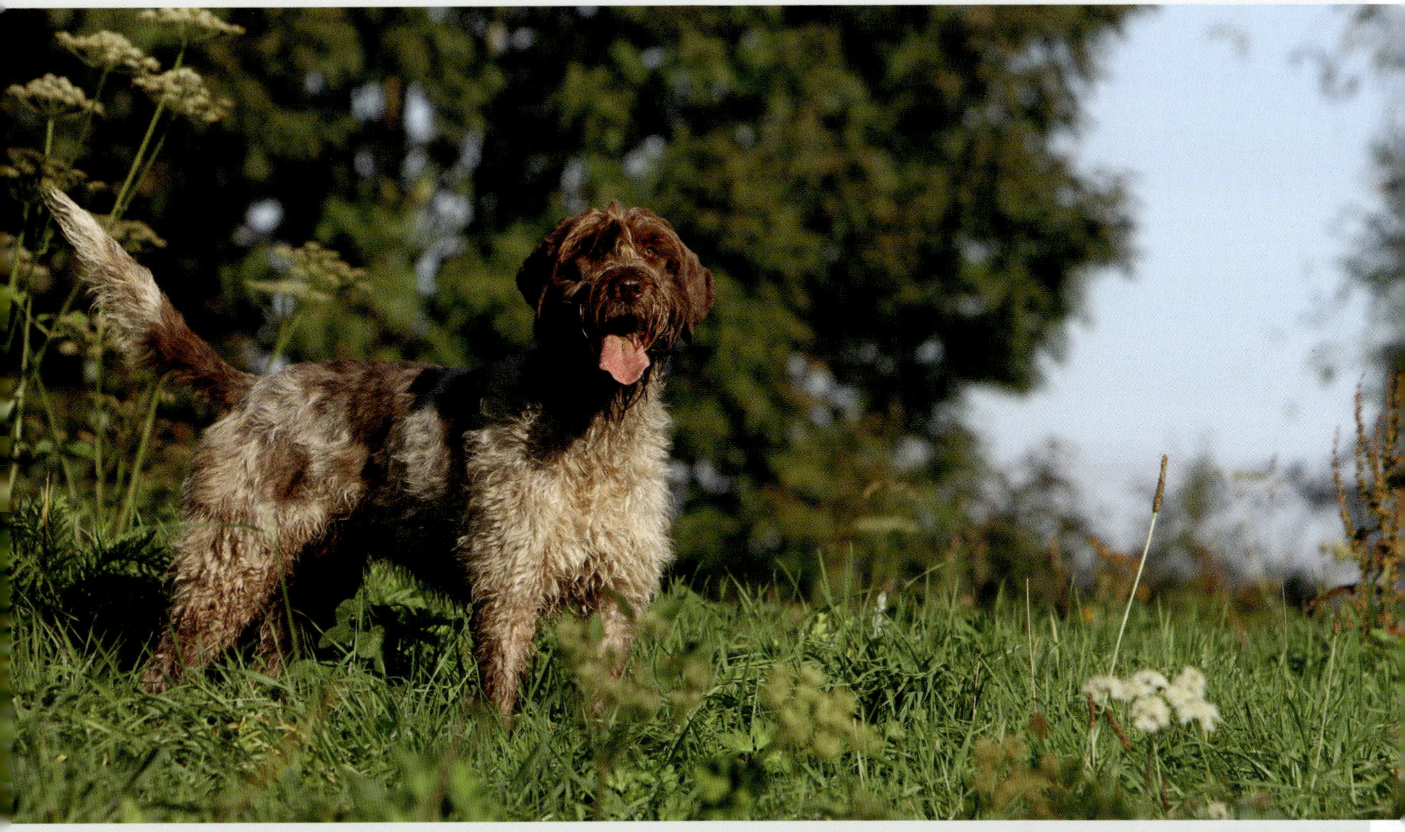
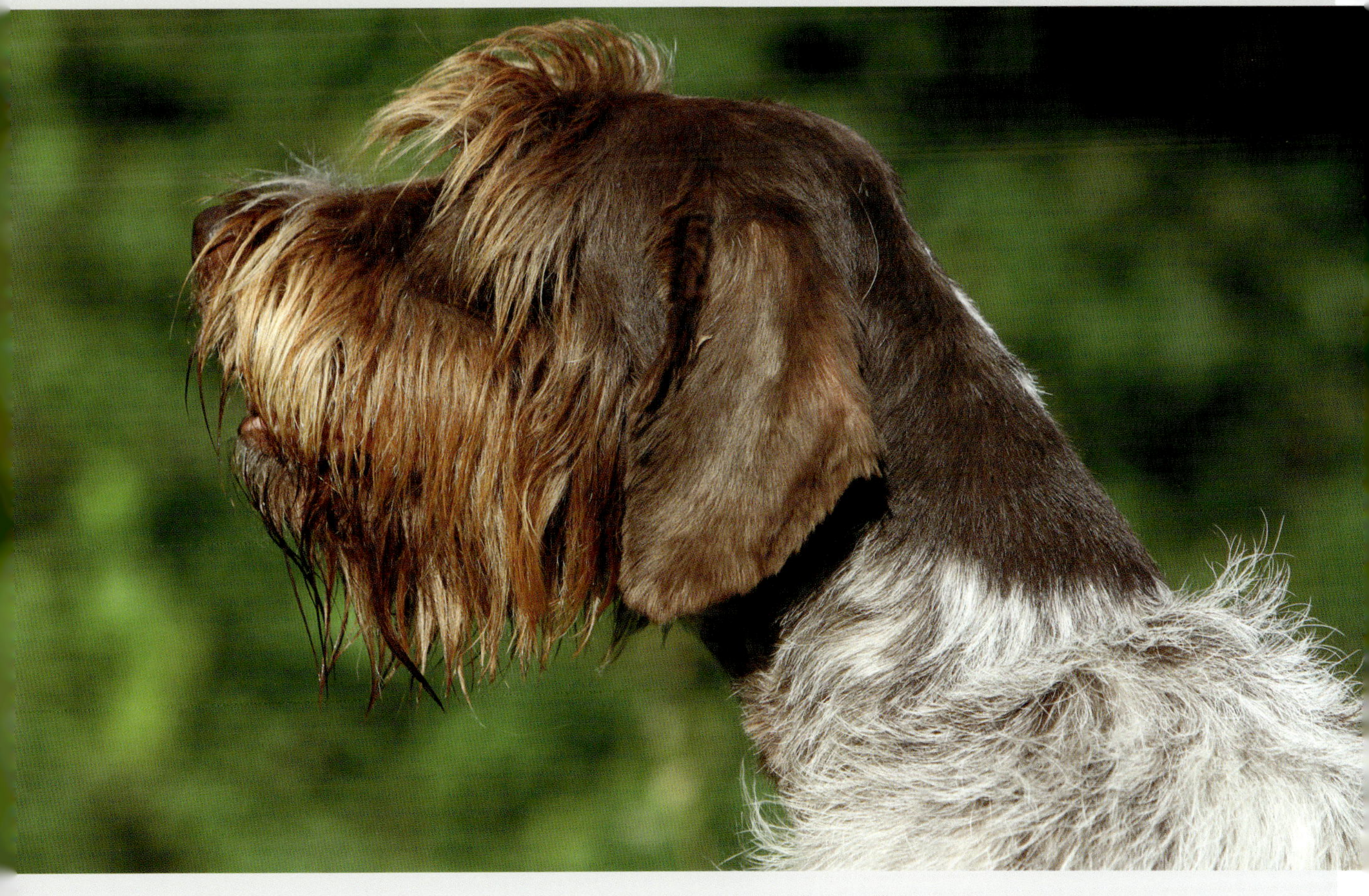

RASSEPORTRÄT: HANNOVERSCHER SCHWEISSHUND

Der Hannoversche Schweißhund stammt in direkter Linie von der Keltenbracke ab. Seine Wurzeln liegen also etwa im 6. Jahrhundert. Aus der Keltenbracke ging der Segusierhund hervor, welchen die Kelten zum Aufspüren des Wildes verwendeten. Aus diesen Segusierhunden wurden die sogenannten Leithunde gezogen, deren Aufgabe nach wie vor darin bestand, Wild zu finden bzw. seinen Einstand (Aufenthaltsort) zu bestätigen. Die Leithunde wurden am Seil auf den Fährten, z. B. eines Hirsches gearbeitet, um dessen Einstand aufzuspüren. Andere Hunderassen kamen dann zum Einsatz, um das Wild aus dem Einstand zu treiben, damit es erlegt werden konnte. Oder es wurden Hundemeuten eingesetzt, um das Wild zu verfolgen, bis es auf den Reitjagden, den sogenannten Parforcejagden, sich den Hunden stellte und mit Lanze oder Schwert abgefangen werden konnte. Diese Art der Jagd ist heute in Deutschland zu Recht verboten. Aus diesen Leithunden entstand der Hannoversche Schweißhund.

Der mittelgroße, kurzhaarige und kräftige Hund, der bis zu 55 cm Schulterhöhe haben soll, wird in den Farben Hirschrot, Gestromt mit und ohne Maske gezüchtet. Er soll nicht zu lange Läufe haben, da diese für seine Arbeit, mit tiefer Nase einer Fährte zu folgen, untypisch wäre.

Der Hannoversche Schweißhund ist ein Spezialist auf der Fährte des kranken Wildes und überzeugt durch Ruhe, Ausdauer und eine absolut feine Nase, die ihn befähigt, auch nach vielen Stunden noch sicher die Fährte zu halten. Kommt er mit seinem Führer in die Nähe des kranken Wildes, so lässt dieser ihn vom Schweißriemen ab, und der Hund verfolgt das Wild so lange, bis dieses sich stellt. Der Hundeführer kann dann dem Hund folgen und das kranke Wild erlegen. Hierbei orientiert er sich am Lautgeben des Hundes oder an modernen Hilfsmitteln, wie einem Ortungssender, welchen der Hund am Halsband trägt. Diese Arbeit, das sogenannte Nachsuchen, ist wohl mit das Anstrengendste, was es bei der Hundearbeit zu leisten gibt. Oft geht eine solche Nachsuche über viele Stunden, manchmal sogar über Tage hinaus. Die Nachsuche ist, wie jede Hundearbeit nach dem Schuss oder einem Verkehrsunfall, angewandter Tierschutz.

Da der Hannoversche Schweißhund in seiner ursprünglichen Form für die Jagd im Gebirge etwas zu schwer erschien, wurde für die speziellen Anforderungen der Gebirgsjagd, wie sie im 19. Jahrhundert betrieben wurde, der Bayerische Gebirgsschweißhund gezüchtet. Sein Urvater war der Hannoversche Schweißhund, der mit roten Gebirgsbracken gekreuzt wurde. So entstand ein leichterer, schnellerer Hund, der den Anforderungen der damaligen Zeit, das gesunde Wild auf der Fährte vor die Schützen zu bringen, gerecht wurde. Heute wird auch der Bayerische Gebirgsschweißhund als reiner Spezialist auf der Wundfährte geführt. Seine Farbe reicht von tiefrot bis fahlgelb mit schwarzer Maske.

Diese Hunde sind reine Spezialisten und gehören auch nur in die Hand von Nachsuchenführern. Die Welpenanzahl ist daher entsprechend gering. Der Verein Hirschmann, welcher die Hannoverschen Schweißhunde vertritt, meldet gerade einmal rund 50 Welpen pro Jahr.

Egbert Urbach

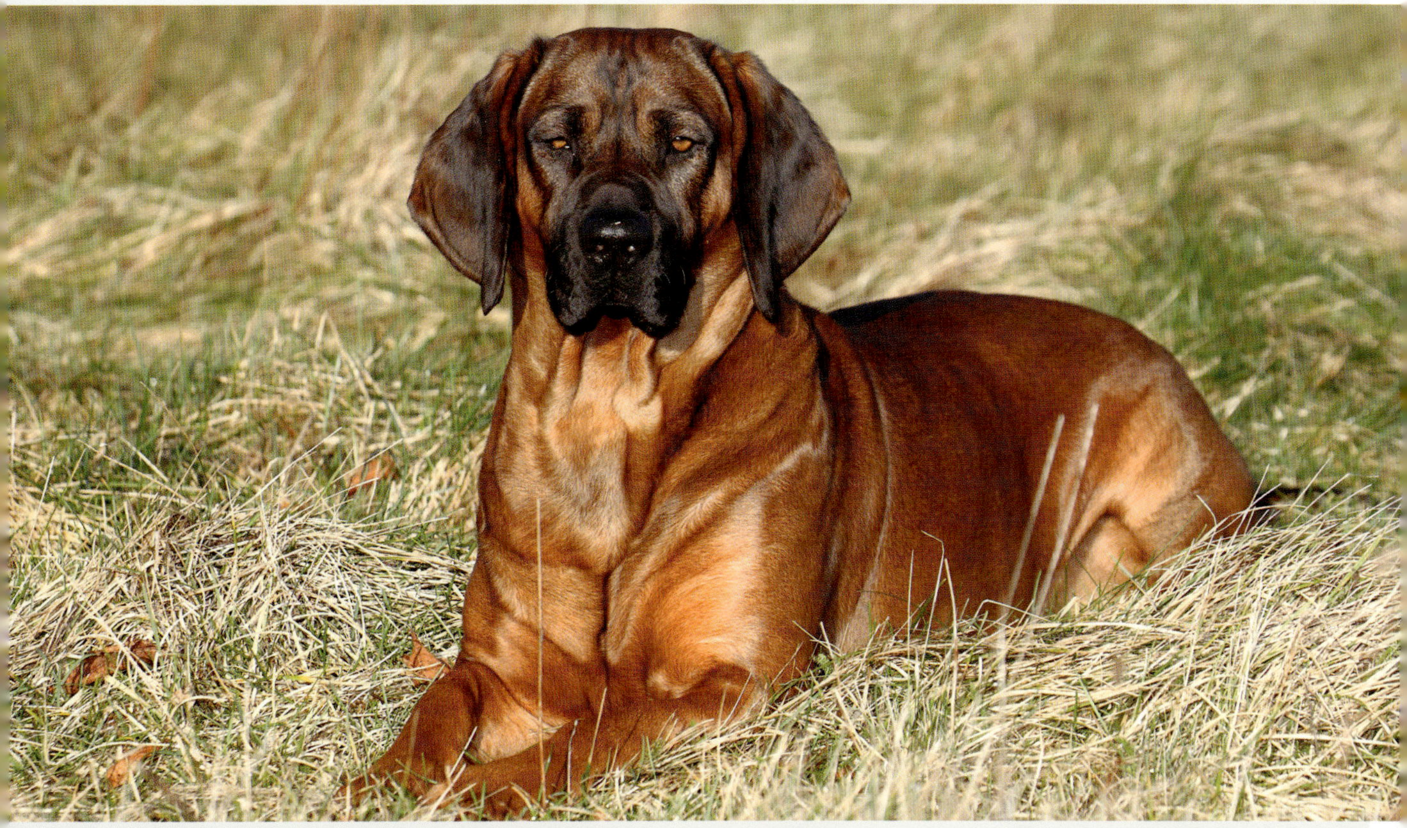

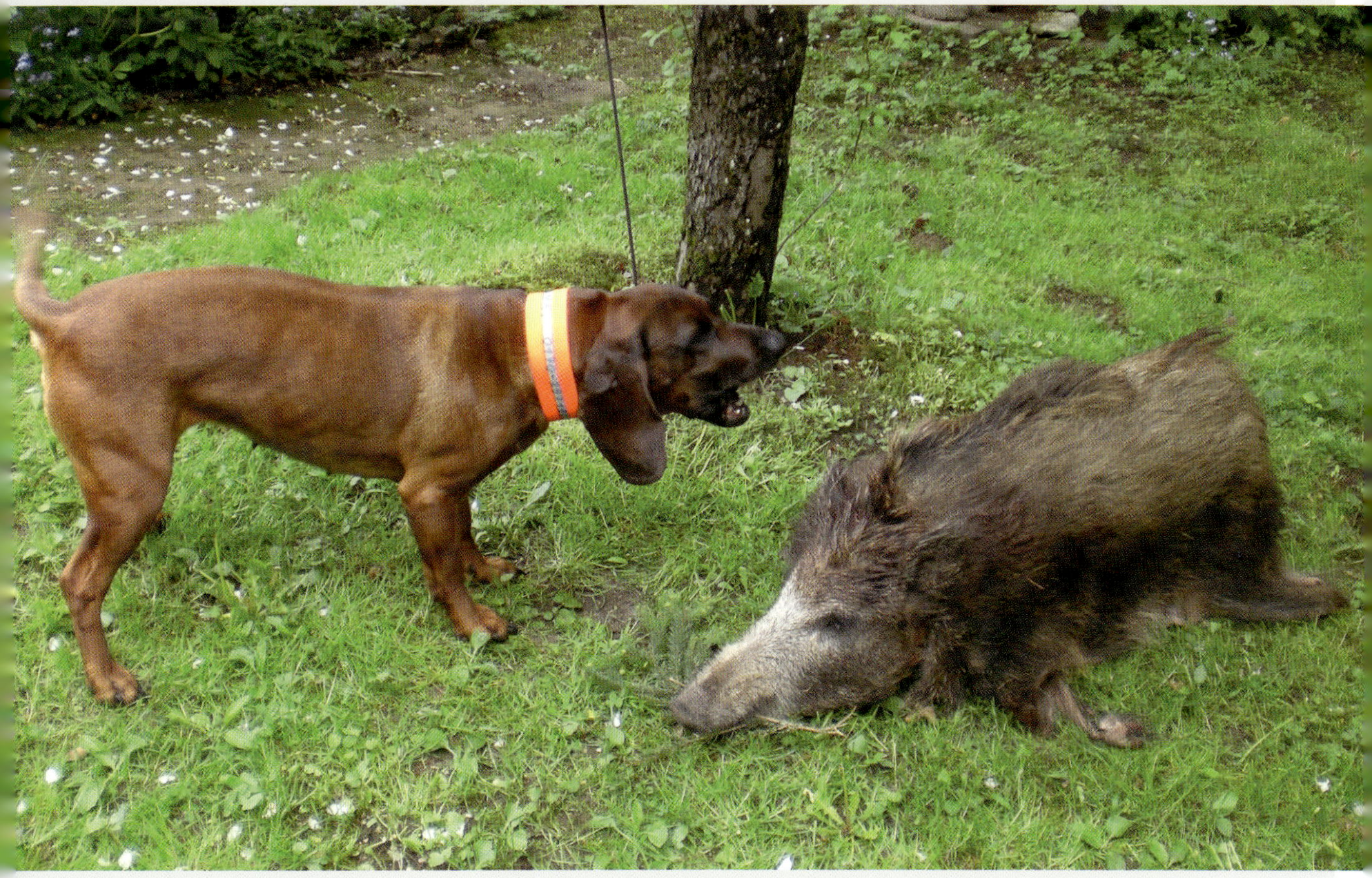

RASSEPORTRÄT: DEUTSCHER WACHTELHUND

Der Deutsche Wachtelhund, auch schlicht Wachtel genannt, lässt sich über mehrere Jahrhunderte zurückverfolgen. Mit seiner Reinzucht wurde im ersten Drittel des 19. Jahrhunderts begonnen, und der Stammvater der Rasse kam aus Staufenberg in Bayern. Sehr verdient um die Zucht machte sich Rudolf Fries, der über Jahrzehnte hinweg diese Rasse züchtete. Man unterschied zwei Schläge, und zwar den braunen Schlag, welcher von der Veranlagung her eher kurz jagte, und den Braunschimmel, der eher als Weitjäger galt. Durch die Trennung der beiden Schläge wurden zwei unabhängige Blutlinien aufgebaut, die später mehr und mehr vermischt wurden. Dies beugte Inzucht- und Erbschäden vor. Heute findet sich auch noch ein dritter Farbschlag, die roten oder orangefarbenen Wachtel, die auch als Rot- oder Orangeschimmel vorkommen können.

Laut erwünscht

Der Wachtel gehört zu den Stöberhunden. Er hat ein langhaariges, welliges, zum Teil lockiges Fell mit dichter Unterwolle, welches jedoch keinesfalls zu seidig sein darf. Dieser kompakte, kräftige Hund, dessen Schulterhöhe zwischen 44 und 54 cm liegt, erscheint im Gegensatz zu den Vorstehhunden, die von der Erscheinung her quadratisch gebaut sind, eher rechteckig. Hierzu tragen auch die kürzeren Läufe bei. Die Rute des Wachtels wird um ein Drittel kupiert, um zu verhindern, dass er sich diese im dichten Unterwuchs blutig schlägt.

Die Domäne des Wachtels ist die Stöberjagd. Der Hund durchstöbert dabei selbstständig ein von Jägern umstelltes Waldgebiet und folgt dann laut bellend der frischen Fährte des Wildes. Es weicht dem Hund dabei ohne Panik aus, da es ja den „Feind" deutlich hören kann und damit weiß, wo er sich befindet. Es wechselt auf diese Weise die Jäger ruhig an und kann sauber erlegt werden. Stumm jagende Hunde würden das Wild durch ihr plötzliches Erscheinen in Panik versetzen und es zu kopfloser Flucht veranlassen.

Multitalent für Spezialisten

Der Wachtel wird jedoch nicht nur als Stöberhund eingesetzt, auch auf der Schweißfährte und im Wasser zeigt er sehr gute Arbeiten, bei denen ihm sein ausgeprägter Finder- und Apportierwille zugutekommt.

Der Wachtel ist ein reiner Jagdhund, der wie viele andere Rassen auch nur an Jäger abgegeben wird. Als Haushund wäre er komplett unterfordert und seinem ausgeprägten Jagdtrieb und Bewegungsdrang würde man nicht gerecht werden.

Die Stöberhundrassen haben aufgrund der wachsenden Schwarzwildpopulation an Beliebtheit deutlich zugelegt und werden gerne als Solojäger (ohne Führer arbeitende Hunde) auf Saujagden eingesetzt.

Egbert Urbach

Rasseporträt: Deutsche Bracke

Die Deutsche Bracke in ihrer heutigen Form geht wie der Hannoversche Schweißhund auf die Keltenbracke und Segusierhunde zurück. Es gab in Deutschland eine sehr breite Palette von Brackenarten, die heute zum Teil ausgestorben sind, wie z. B. die rote Haidbracke, die zu den Ahnen des Hannoverschen Schweißhundes zählt. Um 1900 fasste man die noch verbliebenen nordwestdeutschen Brackenrassen zusammen, und es entstand der Typ der Deutschen Bracke. Aufgrund des Gründungsortes des Deutschen Bracken-Club e.V., Olpe, wird die Deutsche Bracke auch Olper Bracke, Westfälische Bracke oder Sauerländer Bracke genannt.

Die Tüftler

Das bevorzugte Einsatzgebiet war das „Brackieren". Hierbei wurden die Bracken an der frischen Hasensasse angesetzt und verfolgten laut die Hasenspur. Dazu bedarf es einer besonders feinen Nase und eines ausgeprägten Spurwillens. Der Hase versucht, den laut seiner Spur folgenden Hund durch Widergänge oder Hakenschlagen abzuschütteln. Dabei kehrt er wieder in die Nähe seiner Sasse zurück, wo er vom Jäger erwartet wird. Der laut jagende Hund kommt dabei nicht auf Sichtweite an den Hasen heran, darum kann es nicht zur verbotenen Hetzjagd kommen. Ein sicher auf der Spur Laut gebender Hund, der diese auch noch mit der Nase verfolgen muss, kann nie das Tempo des vor ihm laufenden Wildes erreichen, zumal er noch mit den Finten auf der Spur fertigwerden muss. Einen Haken zu schlagen oder einen Widergang zu machen ist für den Hasen Sache eines Augenblicks, für den Hund aber ernste Tüftelarbeit mit der Nase.

Nachdem durch das Bundesjagdgesetz für die Brackierjagd eine Mindestfläche von 1000 ha festgelegt worden ist, stellt diese Jagdart nur noch einen kleinen Teil der Arbeit der Bracke dar. Sie wird heute überwiegend auf Stöberjagd auf Rot-, Reh- und Schwarzwild verwendet. Auch auf der Wundfährte am Schweißriemen kann die Bracke ihre feine Nase beweisen.

Nebenjobs

Apportier- oder Wasserfreude sind der Bracke eher weniger gegeben, allerdings wird die Deutsche Bracke auch im Apportieren eingearbeitet.

Es gibt eine große Anzahl verschiedener Brackenrassen, so z. B. die Gebirgsbracken wie die Brandlbracke, die Tiroler Bracke oder die Alpenländische Dachsbracke, die auch als Schweißhunderasse anerkannt ist. Auch die große Familie der Niederlaufhunde zählt zu den Bracken. Eine besondere Stellung nimmt hier die Steirische Rauhaar- oder Peintingerbracke ein, da sie als einzige nicht kurzhaarig sondern rauhaarig gezüchtet wurde. Sie ging aus einer gezielten Kreuzung von Hannoverschem Schweißhund und rauhaariger Istrianerbracke hervor. Ihr raues, fast zotteliges Haarkleid, ist rot bis fahlgelb.

Die Deutsche Bracke mit einer Schulterhöhe von 40 bis 53 cm hat die typischen Farben Rot bis Gelb und Schwarz mit weißen Abzeichen. Die Gebirgsbracken sind dagegen eher schwarzrot oder auch hirschrot. Alle Bracken decken das gleiche Arbeitsgebiet ab und benötigen eine Menge Bewegung und jagdliche Beschäftigung.

Egbert Urbach

Deutsche Bracke

Alpenländische Dachsbracke

Steirische Rauhaarbracke

RASSEPORTRÄT: TECKEL

Der Teckel, Dackel oder auch Dachshund ist ein sehr beliebter Haushund und Jagdbegleiter. Die Urform des Dackels, der Kurzhaardackel, wurde bereits im Mittelalter aus verschiedenen Bracken heraus gezüchtet. Ziel war ein kurzläufiger Hund für die Arbeit im Fuchsbau. So entstand der schwarzrote Kurzhaardackel. Durch Einkreuzung von roten Bracken entstand auch eine rein rote Form. Der Langhaardackel erhielt sein Haar und seine guten Jagdeigenschaften durch Einkreuzen von Spaniel, Wachtel und Setter. Die jüngste und inzwischen am weitesten verbreitete Dackelrasse ist der Rauhaardackel. Er entstand durch die Paarung mit einigen Schnauzer- und Terrierrassen.

Immer wieder hört man, dass sich ein Dackel nicht erziehen lässt und seinen eigenen Kopf hat. Das Gegenteil ist der Fall. Viele Dackel, die als Haushunde gehalten werden, sind schlichtweg falsch erzogen. Die intelligenten kleinen Kerle haben ganz schnell den Bogen heraus, wie man Herrchen oder Frauchen um den Finger wickeln kann. Nicht umsonst ist die Bezeichnung „Dackelblick" ein fester Bestandteil des deutschen Wortschatzes. Arbeitet man seinen Dackel genau so sauber und konsequent ein wie einen großen Hund, dann hat man einen freundlichen und gehorsamen Jagdbegleiter, der sehr vielseitig einsetzbar ist. Trotz seiner kurzen Beine ist er ein ausgesprochen ausdauernder und schneller Hund, der auch entsprechende Bewegung und Arbeit braucht, um fit zu bleiben.

Eigentlich wurde der Dackel für die Arbeit im Fuchsbau gezüchtet und dies ist auch noch heute ein Großteil seines Einsatzgebietes. Seine kräftige Muskulatur und sein kräftiges Gebiss, gepaart mit einer großen Portion Mut befähigen ihn, den Fuchs aus seinem Bau zu treiben, damit er vom Jäger erlegt werden kann. Wenn man bedenkt, dass es in so einem Fuchsbau stockdunkel ist, muss man schon den Hut vor dieser Leistung ziehen. Auch über der Erde leistet der Dackel Beachtliches. Er wird gerne zum Aufstöbern von Wild verwendet und macht auch vor den wehrhaften Sauen nicht halt. Durch sein anhaltendes Bellen und auch mal einen Zwicker in eine Schwarzwildkehrseite, bringt er auch Sauen auf Trab. Auf der Schweißfährte beweist er bei Nachsuchen seine feine Nase und Ausdauer und wird auch hierfür gerne eingesetzt. Selbst vor der Wasserarbeit schreckt der Dackel nicht zurück. Er ist durchaus in der Lage, eine geschossene Ente aus einem Teich oder Weiher an Land zu ziehen. Fast ein kleiner Vollgebrauchshund! Bei schwierigem Gelände oder hohem Schnee allerdings sind seinem Einsatz durch die kurzen Beine Grenzen gesetzt.

Ein liebenswürdiger und pfiffiger Begleiter, der unliebsamen Besuchern zu Hause schon mal sein beeindruckendes Gebiss präsentiert und es bei Bedarf auch einsetzt.

Egbert Urbach

Kurzhaardackel mit schwarzer Decke

Langhaardackel

Rauhaardackel

RASSEPORTRÄT: DEUTSCHER JAGDTERRIER

Der Deutsche Jagdterrier ist eigentlich ein echter Bayer. Die Gründung des Deutschen Jagdterrier-Club e. V. fand 1926 in München statt. Entstanden ist der Deutsche Jagdterrier aus dem Foxterrier. Wie überliefert geht die Rasse auf vier schwarzrote Terrier, angeblich reine Foxterrier, zurück. Ziel der Zucht war, einen rein an seinen jagdlichen Fähigkeiten ausgerichteten Terrier zu züchten, da in den Reihen der Foxterrierzüchter bereits sehr viel Schönheitszucht betrieben wurde, was die Rasse, besonders den Drahthaar-Foxterrier, ziemlich schnell fast gänzlich von der Jagd entfernte. Nur noch wenige Züchter blieben der jagdlichen Linie treu und mit ihrer Hilfe gelang es, dass heute wieder gute Foxterrier als Jagdhunde gezüchtet werden.

Um eine Terrierrasse nach ihren Vorstellungen zu schaffen, wurden von deren Begründern, unter anderem Rudolf Fries, der auch an der Zucht des Deutschen Wachtelhundes erheblichen Anteil hatte, altenglische rauhaarige Urterrier und Welshterrier eingekreuzt.

Der so gezüchtete Jagdterrier entwickelte sich sehr schnell zum Lieblingsterrier der deutschen Jäger. Der kleine, schneidige Hund mit einer Schulterhöhe von bis zu 40 cm wurde schnell zu einem kleinen Allrounder über und unter der Erde. Sein muskulöser Körperbau und sein langer Fang befähigen ihn, zusammen mit seinen relativ langen Läufen, es mit nahezu jedem Gegner über und unter der Erde aufzunehmen. Der Deutsche Jagdterrier hat ein harsches Rau-

oder Glatthaar in Schwarz, Dunkelbraun oder Schwarzgrau meliert mit deutlichen rotgelben Abzeichen. Früher hörte man als Beschreibung oft: „Viel Zähne, wenig Hirn", weil der mutige kleine Hund weder vor einer starken Sau noch sonst einem Gegner Respekt zeigte. Heute legt man im Zuchtverband sehr viel Wert auf Führigkeit, Verträglichkeit und Abrichtefähigkeit. Dies hat sich ausgezahlt und er ist zu einem liebenswerten Vollgebrauchshund geworden. Er arbeitet als Bauhund, ist jedoch genauso sicher beim Stöbern hinter Schwarzwild, am Schweißriemen oder auch beim Bringen der Ente aus dem Wasser. Allerdings sollte man als Terrierführer doch ein gesundes Maß an guten Nerven mitbringen. Der quirlige, temperamentvolle Jagdkumpan fordert den ganzen Mann bzw. die ganze Frau, und dies sollte nicht unterschätzt werden. Mit einer Rolle als reiner Haushund ist der Jagdterrier unterfordert.

Ein Energiebündel wie er braucht Bewegung und Arbeit. Ohne die Jagd würde er sich, wie die meisten anderen Jagdhunde auch, selbst Beschäftigungsfelder eröffnen, mit denen man als Besitzer nur selten einverstanden wäre. Sei es das Umgraben des heimischen Gartens nach Mäusen, die intensive Beschäftigung mit Nachbars Katze oder auch ausgedehnte Ausflüge ohne Herrchen oder Frauchen, um den Jagdtrieb auszuleben. Wird er aber ausreichend beschäftigt, so ist er ein liebenswerter Hausgenosse, der auch keine Angst davor hat, sein Reich und seine Familie zu beschützen.

Egbert Urbach

Der Jagdterrier legt sich mit jedem Gegner an. Zu Zeiten martialischer Jagdformen hierzulande und heute noch anderswo wird er mit einem Panzer ausgestattet, der ihn vor den Hauern eines Keilers schützen soll.

Rasseporträt: Spinone Italiano

In der Literatur ist man der Meinung, dass der Spinone Italiano bereits um 600 erstmals in einem italienischen Werk beschrieben wurde. Der Spinone ist ein rauhaariger Vorstehhund mit der Grundfarbe Weiß mit orangenen bis braunen Platten oder geschimmelt. Sein Ursprung soll im Piemont liegen. Seine Widerristhöhe beträgt 58 bis 70 cm, also ein eher großer Vorstehhund.

Er hat eine feine Nase und das Suchen, Vorstehen und Apportieren ist sein Hauptarbeitsgebiet. Sein raues Haar schützt ihn sehr gut und als passionierter Schwimmer ist er auch für die Wasserarbeit einsetzbar.

Im Feld zeigt er etwas andere Manieren als etwa Pointer und Deutsch Kurzhaar, die im flotten Galopp die Fläche absuchen. Die bevorzugte Gangart des Spinone ist ein raumgreifender Trab, in dem dieser muskulöse, kräftige Hund lange und ausdauernd arbeiten kann.

Der Spinone ist ein ausgesprochen gutmütiger und freundlicher Familienhund, der sich sehr gut mit Kindern versteht. Auch mit anderen Hunden hat er keine Probleme und lässt die eigenen Haustiere in Frieden. Als Wach- oder Schutzhund eignet er sich eher weniger, bringt jedoch alle Voraussetzungen für einen Rettungs- oder Begleithund mit. Er hängt sehr an seinem Führer, ist entsprechend leichtführig und umgänglich. Ein weiteres Aufgabengebiet hat er im Mantrailing, also dem Suchen von Menschen, gefunden. Wer einen Jagdhund sucht, der ruhig und gelassen seine Arbeit macht, ansonsten aber eher ein wenig weich ist, wird mit diesem Hund sicher Freude haben. Aufgrund seiner Eigenschaften erfreut sich der Spinone Italiano bei uns wachsender Beliebtheit, aber auch hier gilt: Er ist und bleibt ein Jagdhund. Wenn er nicht zur Jagd eingesetzt werden soll, so muss ihm ausreichend Beschäftigung geboten werden, damit dieser intelligente Hund nicht an Langeweile und zu wenig Bewegung leidet.

Egbert Urbach

Special: Andere Länder, andere Hunde

Weltweit gibt es eine riesige Fülle von Jagdhundeschlägen und -rassen. Schließlich war die Unterstützung von Hunden bei der Jagd eine ihrer wichtigsten Aufgaben und Antrieb, sie auf diverse Tätigkeitsgebiete hin zu selektieren – und ist es bis heute. Wobei sicher bei ihnen schon früher als bei anderen auch optische Merkmale eine Rolle spielten, geschuldet dem Umstand, dass sich hohe Herren gern mit ihnen zeigten und auch schmückten. Gute und schöne Hunde verliehen Ansehen, dort, wo es darum ging. Mit einem ausländischen Hund, dem Pointer, einem Ahnen vieler unserer Jagdhunde, begann Egbert Urbach, Leiter der BJV-Landesjagdschule, seinen Überblick. Stellvertretend für die vielen anderen beendet er sie mit dem Spinone Italiano aus unserer beinahe direkten Nachbarschaft, zumal er sich auch bei uns wachsender Beliebtheit erfreut. „Spino" bedeutet übrigens Dorngestrüpp – es kann als Hinweis auf sein Arbeitsgebiet, aber auch die äußere Erscheinung, verstanden werden.

Partner und Begleiter

Hund und Herr bzw. Herrin – ihr Verhältnis zueinander zählt. Bei der Arbeit versetzen Spürsinn, gepaart mit guter Verständigung beide in die Lage, zusammen schier Unglaubliches zu leisten. Keine Maschine kann bis heute das, was Hunde leisten, ersetzen. Ist der Hund in seinem Element, sind es Dinge, die ohne ihn nicht möglich wären.

Auch im privaten Umfeld zählen Respekt und Vertrauen, um sich miteinander verständigen zu können – und zu wollen. Doch Hund und Halter sind nicht allein auf der Welt.

Hunde und andere Tiere auf dem Land

Wer sich mit seinem Hund vom eigenen Grundstück bewegt, hat ihm in der Regel bei-gebracht, Menschen zu respektieren, und ihn so sozialisiert aufwachsen lassen, dass er auch mit anderen Hunden klarkommt - zumindest meistens. Bei Ausflügen auf dem Land wird man möglicherweise aber ganz anderen Tierarten begegnen, die Hund so noch nicht kennengelernt hat. Und selbst wenn - der anderen Seite ist dies möglicherweise völlig einerlei.

Der Hund ist der beste Freund des Menschen, der anderer Tiere ist er oft nicht. Dass sie für andere Tiere gefährlich werden können, ist hinlänglich bekannt. Ob Hasen, Rehe, Katzen, Kleintiere oder Hühner – so mancher Hund entdeckt angesichts ihrer den Jäger in sich. Doch auch wenn er von Grund auf freundlich und allen anderen wohlgesonnen ist – es gibt eine ganze Reihe von Tieren, die im Hund einen vermeintlichen Feind sehen und ihrerseits bereit sind, sich mit ihm ernsthaft anzulegen – und es auch können.

Hunde und Pferde

Wer mit seinem Hund spazieren geht, trifft immer wieder auf andere Tiere, vor allem Pferde. Dies kann sogar mitten in der Stadt passieren, in einigen Städten gibt es Reitwege in Parks und größeren Grünanlagen, auf dem Land sowieso. Viele Hunde finden diese Begegnungen geradezu reizend – sie reizen sie zum Angriff. Ob das Laufen des Pferdes den Jagdtrieb auslöst, übersteigertes Selbstbewusstsein oder eigentlich Angst dahinterstecken, ist erst einmal sekundär. Monika V. geht mit ihrer Hündin Bine spazieren. Die Golden-Retriever-Dame ist ein sehr folgsames Tier und gut erzogenes. Frau und Hund kommen auf einen Sandweg zu, als ein Pferd vorbeitrabt. Bine gibt Gas und rennt laut und wütend bellend hinterher, sie versucht einige Scheinangriffe und kommt dem Pferd gefährlich nahe. Dieses trabt glücklicherweise völlig unbeeindruckt weiter, und auch die Reiterin behält die Ruhe. Kein Wunder, sie ge-hören beide zur berittenen Polizei, und ein Pferd, das dafür ausgebildet wurde, vor einem

*Zugegeben, die Szene ist nachgestellt.
Der Hund ist ein top ausgebildeter
Schäferhund und die Dame auf dem
Gemütspferd eine erfahrene Reiterin.
Sonst wäre es zu gefährlich.*

Fußballstadion oder auf Demonstrationen Dienst zu tun, betrachtet den Vorfall mit Bine höchstens als lästig.

In anderer Besetzung hätte es schlimmer ausgehen können – Pferd scheut, Reiter fällt runter, Pferd rennt auf Straße, Autounfall – zugegeben, das ist eines der schlimmsten Szenarien. Doch nicht alle Pferde sind so cool, manche noch jung und in Ausbildung, sie müssen erst lernen, mit allerlei Zwischenfällen zurechtzukommen. Und manchmal sitzt auch ein unerfahrener Reiter oder ein Kind zu Pferd – denn das Reiten im Gelände können Pferd und Reiter auch nur dort üben.

Fluchttier mit Potenzial

So manches Pferd kann Hunde von Haus aus nicht leiden und weiß, dass es, obwohl ein Fluchttier, auf jeden Fall aber stärker und wehrhafter ist als ein einzelner Hund. Ein kurzer, gezielter Tritt, den auch der Reiter nicht unterbinden könnte, und der Hund ist möglicherweise verletzt, wenn nicht Schlimmeres.

Monika V. beschloss, es müsse sich etwas ändern. Trotz ihres Rufens und Pfeifens hatte Bine von ihrem Tun nicht abgelassen und war erst zurückgekommen, als die Distanz zur Halterin zu groß wurde und sie wohl der Meinung war, den vermeintlichen Feind vertrieben zu haben. So konnte es nicht weitergehen. Sie bat eine Bekannte, sie und den Hund mit in den Reitstall zu nehmen. Dort angekommen quetschte sich Bine an der Stallwand entlang und versuchte, möglichst weit weg zu bleiben von den großen Tieren. Zur Überraschung ihrer Besitzerin hatte sie offensichtlich große Angst vor Pferden. Bine bekam Gelegenheit, sich so ein Pferd aus nächster Nähe zu begucken und beschloss daraufhin, sie von der Liste jagdbaren Wilds zu streichen. Sie ging dazu über, sie in Zukunft „aktiv" zu ignorieren: Seitdem guckte sie bei Begegnungen in die andere Richtung und tat so, als wäre das Pferd gar nicht da.

Wer nicht sicher ist, wie sein Hund angesichts von Pferden oder anderen Tieren reagiert, sollte ihn zu sich rufen und an die Leine nehmen – und dies möglichst mit der größten Selbstverständlichkeit und Ruhe. Dann wird der Hund vermutlich auch nichts Besonderes mehr an diesen Begegnungen finden. Möglicherweise empfiehlt sich auch ein Besuch in der Hundeschule, alle Hunde sind anders und es gibt kein Patentrezept.

Ein Hund, der Pferde jagen will, kann viel Schaden anrichten, nicht nur, wenn sie mit Reiter unterwegs sind. Grasen sie auf einer Weide, versetzt er sie möglicherweise in Panik und sie brechen aus, oder er wird seinerseits zum Gejagten. Der zweite Fall ist der weitaus wahrscheinlichere und die meisten Pferde sind schneller. Naturnah gehaltene Pferde in Beweidungsprojekten wie Dülmener, Koniks oder Rinder wie Galloways oder gar Heckrinder halten sich noch weniger als andere mit langer Vorrede auf. In den meisten Fällen ist der Besuch mit Hund aus gutem Grund streng untersagt.

Auf Tuchfühlung

Anfangs sind Hund und Fohlen offensichtlich ähnlich unschlüssig, was sie vom Gegenüber zu halten haben. Ihre Körperhaltung ähnelt sich verblüffend. Doch dann wird der kleine Isländer frech und die Hündin flüchtet. Eine gute Idee, denn träfe sie ein Huftritt, wäre dies wie ein Schlag mit dem Hammer. Die noch größere Gefahr würde allerdings von der Mutter ausgehen.

Hunde und Rinder

Kühe sind nun wahrlich keine reißenden Bestien und die meisten von ihnen freundlich und eher scheu. Aber sie sind wahre Löwenmütter, und als solche beschützen sie natürlich ihren Nachwuchs. Auch für unsere domestizierten Hausrinder sieht ein Hund einem Wolf noch sehr ähnlich. Ihr wildes Erbe gemahnt sie also zur Vorsicht – auch, wenn sie gar kein Kalb haben. Abstand soll es halten, das vermeintliche Raubtier. Tut es aber nicht immer. Viele Hunde laufen sogar auf Kühe zu und verbellen sie. Ein anderer trottet über die Weide, die nicht seine ist, aber ihre. Kühe, aber auch schon Jungrinder, helfen einander angesichts der in ihren Augen drohenden Gefahr und bilden ein Kollektiv.

Insbesondere in Großbritannien kam es in den letzten Jahren zu mehreren für Menschen tödlich endende Zwischenfälle. So wurde beispielsweise eine Frau, die mit ihren beiden Hunden über eine Rinderweide ging, von einer Herde eingekreist und angegriffen. Sie führte ihre Hunde an der Leine, diese haben die Rinder also nicht gejagt. Dennoch griff die Herde an, die Frau kam dabei ums Leben.

Eine Frau in Deutschland hatte das unglaubliche Pech, bei ihrem Spaziergang mit Hund auf eine ausgebüxte Kuh zu treffen, in Begleitung ihres erst einen Tag alten Kalbes. Dies und der Aufenthalt in einer fremden Umgebung dürften das Tier bereits in Stress versetzt haben, der Hund löste dann vermutlich den Angriff aus.

Wenn die Kuh in Wallung gerät

In den Bergen laufen im Sommer Rinder auf den Almen. Seitdem Hundebesitzer ihre Tiere immer öfter mit auf Ausflüge nehmen, sich andererseits aber der Stadtmensch immer weiter von der Natur entfernt hat, häufen sich die Zwischenfälle zwischen Rindvieh und Mensch. Die Salzburger Reiseinfo schrieb einst sehr charmant zur Begegnung mit Rindern in den Bergen:

- Kühe sind keine gehörnten Kuscheltiere
- Nicht mitten in eine Ihnen fremde Kuhherde hineinlaufen
- Jungtiere und Kälber nicht streicheln, das könnte die Mutter als Bedrohung empfingen
- Ruhig auf den gekennzeichneten Wegen an der Herde vorbeigehen
- Auf Drohgebärden achten – die Kuh fixiert sie, senkt den Kopf, schnaubt, da der Geruchssinn besser ist als das Sehvermögen. Ziehen Sie sich langsam aus der Gefahrenzone zurück, Drohgebärden mit einem Stock und lautes Rufen kann die aggressive Kuh zum Umkehren bringen. Jetzt ist auch der richtige Zeitpunkt, ihren Hund von der Leine zu lassen, er kann schneller laufen, und meist ist die Kuh aggressiv, um sich vor dem Wolfs-Nachfahren zu verteidigen. Während Ihr Hund flüchtet, können Sie sich in Sicherheit bringen. Überschätzen Sie Ihre Möglichkeiten nicht – eine Kuh hat 600 bis 800 Kilo.

Hunde und Esel

Vieles wird ihnen nachgesagt, manches mag stimmen, anderes entspricht doch nur dem Klischee. Doch eines ist sicher: Fluchttiere sind Esel nicht. Im Gegenteil. Esel werden sogar statt Herdenschutzhunden eingesetzt, weil sie auf Angreifer, zum Beispiel einen Wolf, losgehen, ohne mit der Wimper zu zucken. Dazu machen sie infernalischen Lärm und wecken damit den Schäfer auch über Kilometer in seinem Karren aus dem Tiefschlaf. Noch dazu sind Esel durchaus wehrhaft. Sie treten gezielt und mit reichlich Kraft. Ihre kleinen Hufe schlagen ein wie Vorschlaghämmer.

Richtig gefährlich wird das vermeintlich langmütige Langohr aber, wenn es frontal angreift. Dann wird aus Zielgenauigkeit große Präzision und er hat noch sein Gebiss als Waffe dazu. Zwar ist zum Glück auch das Grautier von Haus aus friedfertig und bekannte Hunde werden meist ignoriert, unbekannte jedoch kritisch beäugt. Weder Hund noch Mensch wird dies jedoch auf Anhieb bemerken. Nach außen gleichmütig legt sich der Esel möglicherweise bereits einen Plan zurecht, in welcher Ecke er den Gegner stellen wird.

Bei Eselhengsten ist generell große Vorsicht bei ungebetenem Besuch geboten. Die Ursache für ihre gesteigerte Aggression ist in dem Verhalten ihrer wilden Verwandtschaft zu suchen.

Im Gegensatz zu Pferden ziehen bei Wildeseln die Hengste nicht mit den Stuten herum, sondern beanspruchen ein Revier und hoffen, dass sich möglichst viele Damen dort einfinden. Je attraktiver das Revier, umso größer die Chancen des Inhabers. Mit einem Hund darin sinken seine Immobilienwerte dramatisch und dagegen wird er etwas tun.

Hunde und Wildschweine

Sie kommen immer häufiger vor in Wald und Flur – Wildschweine. Zudem stöbert so mancher Hund gern mal in einem Dickicht, auch wenn er es nicht soll. Sogar in öffentlichen Grünanlagen, Parks und Wohnsiedlungen, vor allem rund um Berlin, kann man am hellichten Tag auf Wildschweine treffen. Sie sind besonders gefährlich, weil sie die natürliche Scheu der Wildtiere vor Menschen verloren haben, da sie von Menschen trotz Verbots und wider aller Vernunft gefüttert wurden.

Begegnet ein Hund einer Bache mit Frischlingen, sie werden zwischen März und Mai geboren und stehen die kommenden Monate unter dem Schutz ihrer Mutter, hat er schlechte Karten, sollte er nicht gleich das Weite suchen, denn Bachen sind erstaunlich schnell und wehrhaft. Später im Jahr, von November bis in den Februar, läuft die Paarungszeit der Wildschweine, dann sind die allein umherstreifenden Keiler aggressiver als sonst. Dem Menschen versuchen Wildschweine eher noch auszuweichen, Hunden oft nicht. Sie wissen, dass ein einzelner Hund ihnen nicht viel entgegenzusetzen hat.

Was ist zu tun?

Menschen, die es wissen müssen, empfehlen, sich im Falle einer Wildschweinattacke auf einen Baum zu flüchten. Das könnte Betroffene vor Probleme stellen:

1. Im Zustand höchster Anspannung muss er in Windeseile erst einmal einen Baum finden, der sich zum Erklimmen eignet. In einem Buchenwald beispielsweise praktisch aussichtslos.
2. Er muss schneller bei dem Baum sein als das Schwein bei ihm.
3. Der Hund kommt garantiert nicht auf den Baum rauf, fühlt sich aber möglicherweise durch die Flucht von Herrchen oder Frauchen auf denselben dazu veranlasst, den Baum gegen das Schwein zu verteidigen. Das wäre vermutlich ein Fehler.

Eine Flucht auf den Baum ist nur dann zu empfehlen, wenn sie völlig sicher sein können, dass der eigene Hund nicht den Helden spielen, sondern sein Heil in der Flucht suchen wird. Andere Menschen, die es auch wissen müssen, empfehlen, sich im Falle einer Wildschweinattacke langsam rückwärts zurückzuziehen. Oder sich groß zu machen und zu versuchen, das Schwein zu beeindrucken. Auch diese, möglicherweise widersprüchlich erscheinenden Strategien, bergen Risiken.

So auf Augenhöhe, auch im übertragenen Sinne,
begegnen sich Esel und Hund selten.

1. Der Versuch, ein Wildschwein zu beeindrucken, könnte erst recht eine Attacke provozieren.

2. Der langsame und unauffällige Rückzug erscheint nur dann realisierbar, wenn der Hund, zumal falls an der Leine, den Plan nicht durch lautes Bellen zunichtemacht.

Gelegentlich kann es auch zu Missverständnissen kommen, wenn beispielsweise flüchtende Wildschweine auf einen zulaufen. Dann ist es wichtig, sich bemerkbar zu machen, zu rufen oder in die Hände zu klatschen, dann wird die Rotte einen Haken schlagen, sie sind ja schon auf der Flucht.

Welche Strategie die Beste ist im Falle einer Begegnung hängt vor allem vom zu erwartenden Verhalten des Hundes ab. Aber greift ein Wildschwein an, ist es irgendwann definitiv notwendig, die Leine loszulassen, so man sie noch umklammert hält, um die Chancen von Mensch und Hund, unbeschadet davonzukommen, zu erhöhen.

SPECIAL: HUNDE UND ZIEGEN

Eine Ziege sieht, bei etwas Großzügigkeit in der Betrachtung, ein wenig aus wie ein Reh und fällt bei manchen Hunden in die Kategorie „jagdbar" bzw. potenzielle Beute. Allein um der Ziege, aber auch seiner selbst willen, macht der Hund einen Fehler. Für die Ziege sieht der Hund, je nach Größe, nämlich aus wie ein Wolf oder Kojote - und fällt damit instinktiv in zwei verschiedene Feindbilder: Wolf - gefährlich, flüchten solange es noch geht, und wenn es nicht mehr geht - dem Feind stellen. Kojote oder noch kleiner - nicht ganz so gefährlich - Angriff ist die beste Verteidigung.

Sabine Martini-Hansske ist Ziegenexpertin, immerhin bildet sie diese zu Packziegen aus und ist viel mit ihnen und Besuchern unterwegs.

Frage: Warum reagieren Ziegen auf Hunde und wie?

Martini-Hansske: Für eine Ziege ist ein Hund ein Feind und ihr Wildtiererbe schlägt Alarm, vor allem bei fremden Hunden. Denn Ziegen können sehr wohl unterscheiden, ob es sich um den Hofhund handelt, den sie kennen und von dem keine Gefahr ausgeht - oder eben nicht.

Frage: Sind alle Ziegen da gleich und wann ist am ehesten Vorsicht geboten?

Martini-Hansske: Vor allem, wenn Kitze in der Herde sind, ist mit Ziegen nicht zu spaßen. Sie greifen möglicherweise auch an, ohne vom Hund nennenswert provoziert worden zu sein.

Frage: Wie könnte so ein Angriff ablaufen?

Martini-Hansske: Ziegen bluffen in der Regel erst einmal und versuchen einzuschüchtern. Einem Scheinangriff folgt möglicherweise ein kräftiger Stoß mit den Hörnern (falls vorhanden) oder Schlag auf die Rippen. Wenn die Ziege Erfahrung mit Hunden und schon Erfolg hatte, dann kann das für den Hund dumm ausgehen, beispielsweise mit gebrochenen Rippen. Möglicherweise versucht sie aber auch, ihn auf die Hörner zu nehmen und wegzuschleudern.

Frage: Ziegen teilen Hunde in Kojoten oder Wölfe ein, sind große Hunde also vor Angriffen sicher?

Martini-Hansske: Nein, denn es kann sein, dass der Bock bereit ist, sich zu opfern. John Mionczynski, ein US-amerikanischer Wildtierbiologe, der seit 40 Jahren das Verhalten von Bergziegen erforscht, konte dies beobachten. Zuerst flieht die Herde vor einem Angreifer. Doch wenn klar ist, die Tiere können nicht entkommen, dann stellt sich der Bock. Mionczynski konnte beobachten, wie ein Wildbock den Absprung des Angreifers abwartete, um ihn in dem richtigen Bruchteil einer Sekunde auf die Hörner zu nehmen und schwer zu verletzen.

Frage: Wenn ich sicher bin, dass mein Hund nicht jagt, kann ich ihn dann näher an Ziegen heran lassen?

Martini-Hansske: Ich würde davon abraten. Ziegen sind hektischer als Rinder oder Pferde und sprechen das Beuteschema bzw. den Jagdtrieb viel eher an. Wie gesagt, greifen Ziegen vielleicht auch ohne Provokation an und der Hund jagt möglicherweise doch. Trächtige Ziegen könnten das Kitz verlieren, Bisswunden von Hunden entzünden sich leicht u.s.w. Ziegen verhalten sich auch ganz anders als Hausschafe. Die bleiben zusammen, weil sie auf Hütbarkeit durch Hunde gezüchtet wurden, da hat ein Hund leichtes Spiel. Aber Ziegen sprengen auseinander, suchen sich einen höheren Punkt und verteidigen sich von dort aus - mit den genannten Folgen. Übrigens sind aber auch Schafe mit Wildtieranteil oder unkastrierte Widder für Hunde durchaus gefährlich.

Frage: Wie soll man sich bei einer Begegnung mit Ziegen verhalten?

Martini-Hansske: Da Ziegen u. U. auch angreifen, wenn der Hund an der Leine ist, empfiehlt es sich, einen großen Bogen zu machen und Abstand reinzubringen, um die Situation zu entschärfen. Der Ziege sollte man eine erhöh-

*Eine Sekunde später knallte es mächtig,
als die Hörner das Gittertor rammten.
Der Hund hat die Nase aber rechtzeitig
in Sicherheit gebracht.*

te Position überlassen wo möglich, also talabwärts ausweichen und ihr nicht den Weg zu einem Hochpunkt abschneiden. Bei der Ausbildung von Hütehunden sieht man schnell, dass es wichtig ist, dass der Hund nicht hektisch agiert. Solange er dies tut, wird sich die Ziege nicht umdrehen und gehen, denn sie kann das Risiko nicht eingehen, ihm die Kehrseite zuzudrehen.

Darum sollte der Hundebesitzer den Blickkontakt zwischen Hund und Ziege abbrechen, sich dazwischen stellen, den Hund ansprechen oder seinen Kopf zu sich drehen, je nachdem, was funktioniert, um den Hund abzulenken. Denn solange der Hund durch Blickrichtung und eine gespannte Körperhaltung der Ziege Konfrontation signalisiert, wird die Ziege dies auch tun. Allerdings sollte man der Ziege dabei nicht den Rücken zuzudrehen – sonst sieht man sie im Falle einer Attacke nicht kommen.

Sabine Martini-Hansske (www.working-goats. de) ist Ziegenbesitzerin, Ausbilderin von Packziegen und Veranstalterin von Seminaren für interessierte Ziegenhalter.

Warnsignal in der eigenen Nase

Angesichts der Gefahren und Widersprüchlichkeit möglicherweise erfolgversprechender Verhaltensregeln scheint es am ratsamsten, erst gar keinem Wildschwein zu nahe zu kommen, d. h. den Hund nicht im Unterholz stöbern zu lassen und Wege nicht zu verlassen. Und sollte es im Wald verlockend nach Liebstöckel riechen, manchen eher als „Maggi"-Geruch bekannt, dann sollte der Hund erst recht nicht herumstöbern – markierende Keiler verströmen einen ganz ähnlichen Geruch und sind vermutlich nicht weit.

Hunde und Schwäne

Ein oft unterschätztes Risiko geht von Schwänen aus. In Stadtparks und Grünanlagen sind die Wasservögel zumeist an Hunde gewöhnt, Hundefreunde sind sie trotzdem nicht. In ländlichen Regionen ist zudem ihre Verteidigungsdistanz, eigentlich Fluchtdistanz, höher. Ein Schwanenvater, der seine Küken oder ein Gelege in Gefahr sieht, wird nicht flüchten und reagiert bei Annäherung von Hunden humorlos. Auf dem Land mögen seine Attacken Belustigung auslösen, obwohl er mit einem gezielten Schlag seines Flügelbugs in der Lage ist, einem Erwachsenen den Arm zu brechen. Im Wasser jedoch hat ein Hund, der sich dem Nachwuchs nähert, die deutlich schlechtere Position. Schwimmende Hunde können sich im Wasser weder verteidigen noch flüchten, wenn Papa-Schwan sie einmal am Wickel hat.

Hunde und Katzen

Praktisch jeder Bauernhofhund kennt die eigenen Katzen und lässt sie in Ruhe. Meist hat ihm eine der Katzen am Hof beizeiten Respekt beigebracht. Ist man mit Hund auf dem Land zu Besuch, muss es nicht sein, dass er einer Katze nachjagt und einen Mordsschrecken einjagt. Auch begibt sich der Hund in Gefahr. In der Regel wird sich die Katze in ihrem Revier so gut auskennen, dass sie weiß, wo der nächste Baum steht, auf den sie sich flüchten kann. Jede Katze weiß, dass Hunde nicht klettern können. Fehlen aber Baum oder sonstige erhöhte Zufluchtsorte, ist eine in die Ecke getriebene Katze ein nicht zu unterschätzender Gegner, auch nicht für einen großen Hund. Denn sie weiß auch, wo es ihm weh tut, und eine Katze in Todesangst ist zu allem bereit. Zum anderen sind Katzen im Gegensatz zu Rind oder Ziege, nicht auf einer Weide oder im Stall eingesperrt. Rennt sie auf der Flucht über die Straße, könnten beide auf tragische Weise das Nachsehen haben. Und so sieht es Justitia: Die Rechtslage ist klar. In aller Regel haftet der Halter des Hundes bzw. die Haftpflichtversicherung, zumindest zum großen Teil, weil die Gefahrensituation von seinem Tier ausging.

SPECIAL: HUND UNTER STROM

Hufschmied Johannes hatte auf seinen Fahrten von Hof zu Hof meist einen Hund dabei. Dass der Figaro hieß, war Zufall und nicht seine Idee. Figaro war trotz seines Namens eher von der vierschrötigen Sorte. Wen er mochte, der war ihm wurscht, wen nicht, der blieb lieber auf Abstand. Warmduscher war Figaro sicher nicht. Während der Hufschmied arbeitete, trieb er sich auf den Höfen herum. Dort geschah es, dass er in an einen Elektrozaun geriet, der eine Pferdeweide begrenzte. Sie hörten nur das Schreien des Hundes und weg war er. Zwei Tage später konnte Johannes den Hund aus einem Tierheim zwei Landkreise weiter wieder abholen. Was inzwischen passiert war, wusste niemand. Figaro war völlig irritiert aufgegriffen worden. Zum Glück war nichts weiter geschehen, und nach einiger Zeit war er wieder ganz der Alte.

Mit einer nassen Nase an einen Elektrozaun zu geraten, keine isolierenden Gummistiefel anzuhaben und sich nicht erklären zu können, woher dieser Schmerz plötzlich kommt, kann tatsächlich zu einem schweren Trauma führen. Hunde verknüpfen die Erfahrung in der Regel nicht mit dem unabsichtlichen Berühren des Zauns, beispielsweise auch mit Rücken oder Rute, wenn sie darunter hindurchschlüpfen, und würden es meist immer wieder tun. Mit Dummheit hat dies nichts zu tun, Hunde kennen keine Elektrizität.

Diese Erfahrung sollte man seinem Hund ersparen. Elektrozäune gibt es in diversen Varianten, von fast unsichtbaren Drähten über Kordeln bis zu unterschiedlich breiten Bändern, meist weiß oder gelb-weiß.

Collie kommt möglicherweise von „colly", im englischen Dialekt für „rußig, schmuddelig-schwarz"

SPECIAL: BORDER COLLIE, CATTLE DOG UND CO.

Ohne festen Job sind sportliche Disziplinen oder Aufgaben im Rettungsdienst mit mehreren Arbeitseinheiten in der Woche für Arbeitshunde ein Muss. Wobei differenziert werden sollte zwischen Hunden aus Arbeits- und Show- bzw. „familientauglichen" Linien. Wie schon an anderer Stelle ausführlich beschrieben, gilt Ähnliches für praktisch alle Arbeitshunderassen und demzufolge natürlich auch für die vielen Collies, deren Ursprünge fast ausnahmslos in dem Hunde- und Schafland Nummer 1 der Welt liegen, zumindest geschichtlich betrachtet: dem heutigen Großbritannien, von wo aus sie in fast alle Teile der Erde gelangten, in denen ihre Dienste gefragt waren und sind.

So gut wie jeder Collie ist schnell, zuverlässig, robust und praktisch durch nichts in seiner Arbeit aufzuhalten. Kein Wunder: Erste ausführlichere Beschreibungen des Hundes wurden in England im 16. Jahrhundert formuliert, doch geben tut es sie schon viel, sehr viel länger. Die Wikinger nahmen um 800 n. Chr. von ihren Raubzügen nach Britannien Hütehunde mit in ihre Heimat, die alten Römer sogar schon vor Christi Geburt. An der Grenze zwischen Schottland und England entstanden die Hunde, die wir heute als Border Collie kennen (Border = Grenze) und die zu den arbeitswütigsten zählen. Liebhaber der Rasse schwärmen von ihrer Bezogenheit zu Menschen, ihrer Gelehrigkeit und ihrer Intelligenz. Diese Eigenschaften qualifizieren sie auch für andere Aufgaben, speziell z. B. für den Hundesport. Von anderen Collies, abgesehen vom Äußeren, unterscheidet sie „The Eye" („Das Auge"), will sagen der Blick, mit dem sie die Schafe scheinbar hypnotisieren. Sie starren sie geradezu penetrant an und fixieren sie so an Ort und Stelle. Diese Strategie wenden sie auch an, wenn sie von ihrem Menschen etwas erwarten. Wen das nervt, der hat den falschen Hund bzw. der Hund den falschen Besitzer.

Australian Cattle Dog

Australian Shepherds gibt es in diversen Farbschlägen, hier ein Merle.

Der Aussie, der ein Amerikaner ist

Dass er mit dem Border Collie verwandt ist, kann er nicht verleugnen, doch mit Australien hat er trotz des Namens wirklich rein gar nichts zu tun. Der Australian Shepherd ist ein echter Amerikaner und eine gezielte Mixtur aus verschiedenen Rassen – wie ja viele – die im Westen der Vereinigten Staaten entstand. Die Keimzelle dürfte in Colorado liegen. Der Australian Shepherd ist vergleichsweise jung. In den 1950er Jahren begann Ernie Hartnagle, verschiedene Hunde mit Border Collies zu kreuzen, um Arbeitshunde zu züchten, die den extremen Anforderungen des Klimas und Geländes besser angepasst waren. Zum Einsatz kamen u. a. Hunde mit angeborener Stummelrute, weshalb Aussies sowohl mit augebildeter wie verkürzter Rute vorkommen. Zudem sind die entstandenen Tiere mit einem sehr ausgeprägten „Will to please", dem unbedingten Willen zu gefallen, ausgestattet. Innerhalb kürzester Zeit mauserten sie sich zu einem der beliebtesten Hunde überhaupt und belegen bei uns in der Beliebtheitsskala einen Platz unter den Top Ten. Der Zuchtboom hat aber wie in anderen vergleichbaren Fällen Schattenseiten wie etwa eine Reihe von erblich bedingten Erkrankungen. Hier kann nur noch mehr als in anderen Fällen dringend davon abgeraten werden, Hunde von nicht durch und durch seriösen Züchtern zu erwerben. Nur ein Beispiel: In Deutschland und der Schweiz ist die Anpaarung von Hündin und Rüde verboten, wenn beide dem beliebten Merle-Farbschlag angehören, und gilt als Qualzucht, weil die Welpen oft taub oder blind sind.

MDR1-Gendefekt

Viele Angehörige und Verwandte britischer Collie-Rassen weisen den sogenannten MDR1-Gendefekt auf. Daraus resultiert eine Unverträglichkeit gegenüber diversen Medikamenten. Bei Trägern des Defektes fehlt eine Blut-Hirn-Schranke, die verhindert, dass Wirkstoffe aus der Blutbahn direkt in das Gehirn gelangen. Am bekanntesten ist hierbei der Wirkstoff Ivermectin, der in Entwurmungen enthalten sein kann. Auch andere Mittel gegen Parasiten und Antibiotika sind gefährlich. Es kommt zu Vergiftungserscheinungen, die zu schweren Schäden und sogar zum Tode führen können. Gefährlich ist auch die versehentliche Aufnahme. In Pferdeäpfeln von frisch mit Ivermectin entwurmten Pferden sind die Dosen zwar gering, dennoch hat es schon Vergiftungen gegeben, Vorsicht ist also bei „Bollenfressern" angezeigt. Wie sich der Defekt noch auswirkt, ist nicht abschließend erforscht, doch scheinen auch Verhaltensauffälligkeiten wie Hyperaktivität und Angstaggression bei Steigen des Cortisol-Spiegels vorzukommen.

Der Defekt geht vermutlich auf einen einzigen Hund zurück, der im 19. Jahrhundert eingekreuzt wurde. Zu den Trägern können neben Collies auch deren Verwandte wie Kelpies oder Australian Shepherds zählen, aber ebenso Deutsche und Weiße Schäferhunde, Langhaar-Whippets sowie viele andere und deren Mischlinge. Wer Klarheit möchte, kann seinen Hund testen lassen.

Echt Down Under

Sie spürte den warmen Atem knapp unterhalb der Wade und eine innere Stimme sagte ihr, dass es besser ist, sich nicht zu bewegen. Mit der äußeren rief sie – im Flüsterton – die Bewohner des Hauses: „Anybody home?" Sie hoffte sehr, dass die Besitzer zu Hause waren. Der alte Blue Heeler war fast gelangweilt auf sie zugetrabt, hatte eine Runde um sie gedreht und war dann in Ausgangsposition gegangen. Nun stand er hinter ihr, fokussierte ihr Bein, und sie ahnte, dass, wenn sie es bewegen würde, er zuschnappen würde. Die Tür öffnete sich: „Katy, it's okay!" Die Dame lachte und der Hund trabte genauso gelangweilt wie zuvor von dannen. Katy war ein pensionierter Arbeitshund, der früher Rinder durch den Busch gescheucht hatte und nun seine Aufgabe darin sah, Besuchern ein Gefühl dafür zu vermitteln, wie sich so ein Rind fühlt, wenn ein Cattle Dog zu Werke geht. Sie hatte ihr Verhalten nur ein wenig angepasst an die neue Aufgabe als Hofhund. Sie machte Besuchern nicht Beine, wie es bei den Rindern ihr Job war, sondern nagelte sie an Ort und Stelle fest, bis ein ihrer Meinung nach Weisungsbefugter kam und ihr sagte, was zu geschehen habe: vom Grundstück scheuchen oder freies Geleit gewähren. Cattle Dogs haben auch hierzulande Liebhaber gefunden. Allerdings ist es wie bei allen Arbeitshunden: Wer sie führen, beschäftigen und auslasten kann, hat einen tollen Partner. Wer nicht, ein Problem. Dabei deutet bei dem kleinen und oft eher ruhig wirkenden Hund nichts darauf hin, mit welchen Gegnern er sich anzulegen bereit ist.

Hund nach Rezept

Vor einem Problem standen auch die ersten größeren Viehhalter und -züchter in Australien. Sie hatten vor allem aus Großbritannien ihre Arbeitshunde mitgebracht, doch diese waren an Schafen entstanden. Rinder in der alten Heimat mussten nicht über größere Entfernungen getrieben werden, waren Menschen und auch Hunde gewohnt und entsprechend relativ einfach von einer Weide auf die andere umzutreiben. In Australien war alles anders: Rinder, die auf riesigen Flächen von Menschen über Monate unbeeinflusst durch den Busch streifen, verwildern schnell. Mit ihnen, dem Klima und dem Gelände waren die mitgebrachten Hunde überfordert. Sie gingen die halbwilden Hornträger von vorne an, bellten dabei lautstark, versetzten die Herden damit oft in Panik und verursachten nicht selten mehr Chaos, als dass sie hilfreich waren. 1740 holte Thomas Hall, ein australischer Viehhalter, Blue Merle Collies, glatthaarige Treibhunde, aus England. Er kreuzte sie mit seinen gezähmten Dingos, denn – Dingos bellen nicht. Auch gehen sie ihre Beute nicht von vorne an. „Hall's Heeler", wobei „Heelen" das Fesselzwicken bezeichnet, waren geboren. Ihre Nachkommen hatten nur noch ein Problem: Sie behandelten Pferde genauso wie Rinder. Besonders störend, wenn jemand auf dem Pferde sitzt. Also kreuzte man noch Dalmatiner ein – den Hund, der für seine Freundlichkeit gegenüber Pferden bekannt ist. Was klingt wie ein Kuchenrezept – wir backen uns den Hund, den wir haben wollen –, funktionierte. Wer glaubt, das Erbe der Einkreuzungen müsse sich irgendwann verlieren, mag sich wundern: Bis heute werden Australian Cattle Dogs, bis auf einige wenige Flecken, weiß geboren – wie Dalmatiner.

Der Australian Cattle Dog nähert sich dem Rind von hinten und zwickt blitzschnell in die Fessel des tragenden Beines. In das entlastete Bein zu greifen, wäre praktisch Selbstmord, und man kann wohl davon ausgehen, dass sich die Selektion auf dieses Merkmal zum Teil von selbst ergab. Zudem legen sich die Hunde nach dem Greifen sofort flach hin, denn der Tritt des Rindes wird kommen, vom tragenden Bein nur etwas, aber entscheidend, später.

Australian Cattle Dogs, links ein Blue,
rechts ein Red Heeler.

Welsh Corgi Pembroke: Der walisische Treib-hund wurde vor allem an Rindern und Ponies eingesetzt. Berühmt ist er aber vor allem, weil er der Lieblingshund der Queen ist.

Den Welsh Corgi Cardigan kennt dagegen kaum jemand. Zu Unrecht. Trotz der geringen Größe ist kaum ein Hund vielseitiger.

Gelehrig, agil und sensibel – der Bearded Collie.

Oft wird er mit Stummelrute geboren,
daher der britische „Spitz"-Name Bobtail.
Eigentlich heißt er aber Old English Sheepdog.

Australian Kelpies. Sie sind die einzigen, die zwar nicht über das Wasser, aber über
Schafe laufen können. Wenn im Treibgang vorne nichts weitergeht, springt er auf den
Rücken der Tiere nach vorn und bringt die Herde wieder in Fluss.

Die Hunde vom Bau

Auf der Jagd sind unsere Hunde den verschiedensten Gefahren ausgesetzt. Straßen, die das Revier durchschneiden, Glasscherben, alte Drahtzäune, wehrhafte Sauen und was es sonst noch so alles gibt, woran sich ein Hund verletzen oder gar zu Tode kommen kann. Auch die Arbeit mit Erdhunden im Bau hat so ihre Tücken – oder auch das Nickerchen unter Tage.

Gräbt sich der Hund in einer engen Röhre hinter Fuchs oder gar Kaninchen her, so kommt es vor, dass er sich durch die hinter sich geschobene Erde oder Sand selbst verschüttet. Trägt er ein Sendehalsband, das seine genaue Ortung ermöglicht, kann schnell geholfen werden. Oft schliefen jedoch auch Hunde in einem Bau ein, die dies gar nicht hätten tun sollen. Dies passiert sowohl Profis wie auch Amateuren: Terriern oder Dackeln, die bei einer Stöberjagd eingesetzt werden und dabei auf einen Bau stoßen, aber auch Jagdhunde, die als reine Haushunde gehalten werden. Auch sie folgten ihrem angeborenen Jagdtrieb und schliefen irgendwann in einem Bau ein.

In Sandbauen kann es passieren, dass eine Röhre hinter dem Hund einstürzt. Hier ist dann dringend Hilfe erforderlich, denn die Hunde können sich rückwärts nicht ausgraben.

Tragen sie kein Sendehalsband, ist es praktisch unmöglich, sie im Bau zu orten, geschweige denn, auszugraben, da die Baue oft sehr weitläufig sind.

Die Bauretter

In einem solchen Fall kann dann oft nur noch Manfred Friedrich mit seinen beiden Jagdterriern helfen. Der Oberbayer legt größten Wert darauf, dass seine Hunde sehr gut sozialisiert sind und sich mit anderen Hunden vertragen. Das ist wichtig, wenn beide Tiere „unter Tage" aufeinander stoßen, das Ziel ihres Einsatzes.

Ihre Erfahrung unter der Erde bekommen die Hunde bei der Baujagd, zu der sie regelmäßig eingesetzt werden. Manfred Friedrich hat inzwischen rund 270 Hunde aus aussichtslos erscheinenden Lagen gerettet. Sieben Hunde konnten nur noch tot geborgen werden und in nur drei Fällen in 35 Jahren musste die Suche erfolglos eingestellt werden. Von all diesen Hunden trug rund die Hälfte keinen Sender oder dieser war defekt bzw. im ganz falschen Moment die Batterie leer.

Eine Rettungsaktion spielt sich etwa folgendermaßen ab: Manfred Friedrich lässt einen seiner beiden Terrier in den Bau, während der andere Hund im Auto auf seinen Einsatz wartet. Bei sehr großen Bauen, ab sechs bis acht Röhren, postiert er einige Helfer an ihren Enden, um zu hören, was unter der Erde vorgeht. Im günstigsten Fall kommt sein Terrier, ausgestattet mit einem Sender, sehr schnell an den verschütteten Hund, kann diesen ausgraben und die beiden verlassen nach einiger Zeit den Bau. Anhand seines Empfängers kann Friedrich genau kontrollieren, wo sich sein Hund befindet und wie schnell oder langsam er sich im Bau fortbewegt. Daraus kann er schließen, ob der Hund gräbt oder die Röhren frei sind. Kommt der Hund allein zurück, was 20 Minuten oder länger dauern kann, wird er genau untersucht. Sand im Fang oder ein nasses Fell sind Indizien dafür, dass der Hund entweder graben musste oder dass Wasser in den Bau eingedrungen ist. Nun kommt Friedrichs zweiter Hund, der im Auto nichts mitbekommen hat, zum Einsatz. Stoppt der Terrier an der gleichen Stelle im Bau wie sein Vorgänger, so wird diese Stelle von Manfred Friedrich markiert und mit dem Graben begonnen. Dies muss sehr vorsichtig erfolgen, damit nicht noch mehr Erde oder Sand in die Röhre fällt. Oft ist der Boden zu locker, um einen Bagger einsetzen zu können, und es wird mehrere Meter tief nur mit Schaufel und Spaten gegraben, um den „Gefangenen" zu befreien.

Ein spektakulärer Fall

An einem Freitagabend verschwand der Jack Russel Terrier Pico beim Gassigehen hinter einem Kaninchen in einem großen Bau im Stadtpark von Aachen. Man hörte ihn noch eine Weile bellen, aber der Hund kam nicht zurück. Am nächsten Tag versuchten Freunde und Bekannte, das THW und die Feuerwehr mit Hilfe einer Rohrkamera den Hund zu orten und zu befreien, aber außer Kaninchen war auf dem Bildschirm nichts zu sehen. Auch Spürhunde wurden erfolglos eingesetzt. Am Sonntagabend wurde Manfred Friedrich verständigt und fuhr mit seiner Lebensgefährtin und seinen Hunden am Montag um 8.00 Uhr die 750 km nach Aachen. Um 18.30 Uhr war man schließlich mit dem Hundebesitzer und einigen Helfern im Stadtpark angelangt. Friedrich ließ seine ältere Jagdterrierhündin Inka mit ihrem Ortungsgerät den Bau durchsuchen. Nach einer halben Stunde kehrte Inka allein zurück und Manfred schickte seinen damals knapp ein Jahr alten Rüden Ben ins Rennen. Er verschwand längere Zeit tief im Bau, tauchte dann einmal an dieser und jener Stelle auf und verschwand wieder. Aufgrund seines Ortungsgerätes konnte Manfred feststellen, dass sich der junge Rüde immer wieder auf eine Stelle tief im Bau konzentrierte und legte eine Stelle zum Graben fest. Die Männer begannen ihre Arbeit, während Ben rund sieben Meter tiefer offenkundig versuchte, Pico frei zu buddeln. Nach rund drei Stunden schweißtreibender Arbeit tauchte Ben wieder aus einer Röhre auf und kurz nach ihm erschien der völlig mit Sand und Dreck verklebte und total erschöpfte Pico. Nach einem kurzen Aufenthalt in der Tierklinik, wo er langsam aufgewärmt und aufgepäppelt wurde, durfte Pico wieder nach Hause.
Bereits am nächsten Morgen um 8.00 Uhr waren Manfred Friedrich und seine Lebensgefährtin wieder auf dem heimischen Hof am Chiemsee, um die Pferde zu versorgen. Ein Glück für unsere Hunde, dass es Idealisten mit solch tollen, kleinen Lebensrettern gibt.

Egbert Urbach

Schwerstarbeit für Mensch und
Tier. Manchmal müssen metertiefe
Löcher von Hand gegraben werden.

Hunde retten Vögel

Eierdiebe

Sie tun Dienst an Flughäfen, in der Savanne Namibias oder dem Regenwald Asiens. Dort suchen sie nach Hinterlassenschaften von bedrohten Tierarten wie dem Geparden oder den letzten Exemplaren des Javanashorns. Oder sie suchen einen Vogel, der nicht fliegen kann, in Einehe lebt, aber ausgerechnet während der Brut getrennte Schlafzimmer hat, und die größten Eier der Tierwelt legt – den Kiwi.

Der Schnepfenstrauß, so der korrekte deutsche Name, zählt zu den Laufvögeln, unter denen er, wenig überraschend, der bei Weitem kleinste Vertreter ist. Paradox erscheint schon eher, dass er in einer Umwelt lebt, in der sich kaum weit und schnell laufen lässt – noch nicht einmal weit gucken. Dem Kiwi kann das egal sein, da er sowieso nicht gut sieht, dafür kann er aber, ungewöhnlich im Vogelreich, sehr gut riechen. Das kann Jet auch. Hunde lassen sich auf fast jeden Geruch abrichten, ob Sprengstoff, Drogen oder Geld. Jon Williams hat Jet mit einem Balg eines Kiwis auf dessen Geruch trainiert und auf den der Eier. Zwar suchen sie auch die Weibchen, um sie besendern zu können, hauptsächlich interessant sind aber die Männchen. Jets Job ist noch ein bisschen anstrengender als auf dem Flughafen Frankfurt nach Schmuggelware zu suchen. Allein die Anreise ins Zielgebiet ist eine Herausforderung. Der Mischling liegt hinten auf dem Quad und ist damit beschäftigt, nicht herunterzufallen. Jon, sein Ausbilder und Besitzer, steuert immer tiefer in den Busch. In aller Herrgottsfrühe sind die beiden aufgebrochen. Es ist dunkel, schwül und matschig im neuseeländischen Regenwald.

„So Jet, jetzt geht's ins Büro." Das ist für den Hund das Signal, dass es jetzt ernst wird und er gefragt ist. Das Ende der Fahrstrecke ist erreicht, von hier aus geht es nur noch zu Fuß weiter. Jet bekommt einen Maulkorb um. Zwar würde er keinem der „North Island Brown Kiwis", der Art, um die es hier geht, etwas tun, „aber die Vorschriften", meint Jon. Jet watet auf dem moorigen Boden mehr, als dass er laufen kann. Immer wieder muss er die Richtung wechseln, der Mensch bemüht sich, zu folgen. Manchmal ist es umgekehrt, denn gelegentlich ist Jet ratlos, bleibt stehen und guckt Jon an. Der befragt dann die Technik. Viele der Vögel sind bereits besendert, andere sollen erst einen bekommen. Empfängt er ein Signal, können sie ihren Weg fortsetzen. Ansonsten übernimmt wieder Jet, sein Job ist es vor allem, die noch nicht mit Hightech ausgestatteten Vögel zu finden.

Im Zick-Zack arbeitet sich Jet, soweit es möglich ist, systematisch durch das bergig-hügelige, dicht bewachsene Gelände. In der feucht-frischen Umgebung grenzt es an ein Wunder, dass

Jon Williams und Jet, ein eingespieltes Team auf dem „Weg ins Büro".

Geschafft! Jet hat einen Kiwi gefunden, Jon wird ihn markieren.

der Hund in der Lage ist, in einem bis zu 50 Hektar großen Revier den einen Vogel zu finden, der auf Eiern sitzt – den Hahn. Für die Zeit der Brut zieht SIE nämlich aus. Beim Kiwi ist einiges anders: Die Hähne brüten die Eier alleine aus, und die lauten, nächtlichen Rufe der Weibchen sind deutlich tiefer. Das nationale Wappentier der Neuseeländer ist ein Hausmann und leider auch bedroht. Eingeschleppte Beutegreifer machen dem flugunfähigen Vogel zu schaffen, ebenso wie die Einschränkung seines Lebensraumes. Jet und Jon sollen dafür sorgen, dass der Kiwi den Kiwis erhalten bleibt. Dafür stehlen sie ihm die Eier, die das Weibchen vor ihrem Auszug in die Bruthöhle gelegt hat. Sie sind riesig im Vergleich zu den Eltern und betragen etwa ein Drittel ihrer Körpergröße und sind sechsmal größter als ein Hühnerei. Kein Wunder, dass sie dann ihrem Gatten das Brutgeschäft überlässt. Kommt das Gelege abhanden, legt die Henne sogar noch einmal nach. So sorgen Jon und Jet dafür, dass die Population wieder stärker wächst, als die Vögel es ohne sie zustande brächten. Zudem fallen viele Jungvögel Beutegreifern wie Wieseln zum Opfer. Die im Dienste des Artenschutzes gestohlenen Eier werden in einem Inkubator ausgebrütet. Wenn die geschlüpften Vögel 850 Gramm erreicht haben und keine leichte Beute mehr sind, werden sie wieder ausgewildert.

Hochzeit ist bei den Kiwis zwischen August und Oktober – das gilt auch für jene, die schon zusammen sind. In Paarungsstimmung rufen die Vögel noch mehr und lauter, jagen einander und springen umeinander herum. Anschließend bereitet der Hahn die Bruthöhle vor und polstert sie mit Moos, Farnen und Gräsern. Dabei bevorzugt er einen der Baue in seinem Revier, der schon älter ist. Diese sind gut getarnt, weil nicht an frisch aufgeworfener Erde erkennbar, und zudem kaum sichtbar, da die Öffnung durch die nachgewachsene Vegetation verdeckt ist. Bruthöhlen sind für Menschen also fast ebenso wenig auffindbar wie die Vögel selbst: Der nachtaktive Vogel macht zwar auch sonst eine Menge Lärm durch seine weithin hörbaren pfeifenden Rufe, wenn er unterwegs ist, doch es ist unmöglich, ihm in dem Gelände im Dunkeln zu folgen. Tagsüber aber sitzt das Pärchen in seiner Höhle und ist mucksmäuschenstill. Das Programm des „Project Kiwitrust" ist sehr erfolgreich, Jet und Jon und ihre Kollegen machen einen guten Job, der ohne die Nase des Hundes praktisch unmöglich wäre.

Die Mischung macht's

Viel war in diesem Buch die Rede von Rassen und Schlägen. Der häufigste Hund jedoch ist der Mischling. Zwar ist er noch ein bisschen mehr immer eine Wundertüte, denn man weiß nicht so recht, was man erwarten darf. Stimmen Vertrauen und gegenseitiger Respekt, darf man sich aber gern überraschen lassen.

Für den Hund links hoffen wir, dass überall auf der Welt die Haltung an der Kette, wie sie oft auf dem Land noch praktiziert, endlich verschwindet.

Autoren

Annette Hackbarth, Herausgeberin und Autorin

Als sie geboren wurde, war der Dackel schon da. Fiete von der Waldesruh. Die nächste war Cindy von der Dingens und der dritte einfach nur Pele vom Tierheim. Nun ist es eine Sina aus zweiter Hand. Sie haben sie beschützt, als sie klein war, tyrannisiert als Halbwüchsige und begleitet bis heute. Das Leben ohne Hund hat sie notgedrungen auch einige Zeit praktiziert. Nie wieder. Annette Hackbarth arbeitet als freie Autorin und Journalistin.

Egbert Urbach

Egbert Urbach, Jahrgang 1955, ist Jäger, Falkner, Hundeführer und Verbandsrichter für kontinentale Vorstehhunde. Als Vorsitzender der Landesgruppe Bayern im Verband Große Münsterländer e.V. hat er sich dieser Rasse verschrieben, die ihn seit seinem 16. Lebensjahr begleitet. Allerdings beschäftigt sich Urbach auch intensiv mit anderen Rassen und deren Ausbildung. Als Leiter der BJV-Landesjagdschule ist er auch Sachbearbeiter für das Jagdhundewesen im Bayerischen Jagdverband.

Barbara Welsch

Noch bevor sie laufen konnte, ritt Barbara Welsch auf dem Boxerrüden Bello durch das Wohnzimmer ihrer Großeltern. Der brave Bello war ihre erste große Hundeliebe, aber er blieb nicht die letzte. Derzeit lebt Welsch mit Dylan zusammen, einem Deutschen Pinscher, der findet, dass sein Frauchen zwar gelehrig aber unangemessen eigensinnig ist. Barbara Welsch ist Tierärztin, arbeitet aber seit vielen Jahren als Journalistin und betreibt den Hunde-Wissenschafts-Blog www.pfotenleser.de.

Christel Simantke

Christel Simantke ist bei der Gesellschaft zur Erhaltung alter und gefährdeter Haustierrassen ehrenamtlich zuständig für Hunde. Die Agraringenieurin kam über die Rinder zu den Altdeutschen Hirtenhunden. Seit frühester Kindheit in Hunde vernarrt, ist sie diesen dann mehr oder weniger verfallen. Im Berufsleben ist sie selbstständige Agraringenieurin in einem Beratungsbüro für artgemäße Nutztierhaltung. Sie züchtet Walachenschafe und betreibt mit ihnen Landschaftspflege, stets begleitet vom Altdeutschen Hütehund „Lottje" (Mitteldeutscher Fuchs).

Quellen & Literatur

„Brotzeit nach der Eiszeit", www.zeit.de/2015/09/neolithische-revolution-landwirtschaft-viehzucht-sesshaft

Chifflard, H. , H. Sehner: Ausbildung von Hütehunden, Ulmer Verlag

„Futter-Wandel machte Wolf zum Hund", http://www.scinexx.de/wissen-aktuell-15509-2013-01-24.html

Gebhard, H., G. Haucke: Die Sache mit dem Hund, RRV

Lorenz, K.: So kam der Mensch auf den Hund, dtv

Mrozinski, M.: Hütehunde als Begleiter, Kosmos Verlag

„Neolithische Revolution", www.spektrum.de/thema/neolithische-revolution/950161

Rurgaas, T.: Calming signals, die Beschwichtigungssignale der Hunde, Animal Learn Verlag

Sigl, Dr. Angelika: www.textundbild.de

Trumler, E.: Das Jahr des Hundes, Kynos Verlag

Zimen, E.: Der Hund: Abstammung - Verhalten - Mensch und Hund, Goldmann Verlag

Diverse Studien und Veröffentlichungen von Dr. Dorit Feddersen-Petersen und ihre zum Teil grundlegenden Erkenntnisse, die diese ergaben.

Die vielen Menschen, Fachleute und Hundehalter „wie du und ich", die Arbeitshunde haben und davon erzählten - und „Tiger".

ADRESSEN

AAH – Arbeitsgemeinschaft zur Zucht
Altdeutscher Hütehunde
c/o Susanne Zander
Allerbogen 12, 29223 Celle
Tel./Fax: (05141)900600
www.altdeutschehuetehunde.de

Australian Shepherd Portal: www.aussie.de

Beratung Artgerechte Tierhaltung e.V.
Dipl.Ing.agr. Dipl.Ing.ökol.Umweltsicherung
Christel Simantke
Postfach 1131, 37201 Witzenhausen
Tel.: (05542)72558
www.bat-witzenhausen.de

BJV-Landesjagdschule
Egbert Urbach
Hohenlindner Str. 12, 85622 Feldkirchen
Tel.: (089)990234-0

Club für britische Hütehunde e.V.:
www.cfbrh.de

Gesellschaft zur Erhaltung alter und gefährdeter Haustierrassen e.V. (GEH)
Walburger Straße 2, 37213 Witzenhausen
Tel.: (05542)1864
www.g-e-h.de

Verband für das Deutsche Hundewesen e. V.
(VDH)
Westfalendamm 174, 44141 Dortmund
Tel.: (0231)56500-0
Fax: (0231)592440
www.vdh.de

Working Goats
Sabine Martini-Hansske
Lauterbacher Str. 15, 36369 Lautertal
www.working-goats.de

REGISTER

Altdeutsche Hütehunde 36, 51
Appenzeller 54
Australian Cattle Dog 111, 112
Australian Shepherd 112
Bergamasker 70
Berner Sennenhund 52
Border Collie 110, 112
Collies 116
Corgi 116
Dackel 6, 34, 46, 90, 118
Deutsch Drahthaar 46, 76, 82, 92
Deutsch Kurzhaar 76, 94
Deutscher Jagdterrier 92
Deutscher Pinscher 58
Deutscher Wachtelhund 86
Deutsche Bracke 88
Dingo 26
Entlebucher 32, 52, 54
Gelbbacke 36, 63, 64, 68
Griffon 82
Großer Münsterländer 80
Hannoverscher Schweißhund 84
Heeler 114
Leonberger 60
Maremmen-Abruzzen-Schäferhund 29
MDR1-Gendefekt 113
Harzer Fuchs 69
Nova Scotia Duck Tolling Retriever 72
Pariahund 26
Pointer 78
Retriever 75
Schäferhund 66
Schafpudel 64
Schwarzer 68
Shar Pei 36
Spinone Italiano 94
Spitz 32, 56
Strobel 64
Teckel 6, 34, 46, 90, 118
Weimaraner 76
Westerwälder Kuhhund 62
Wolf 6,10 ff, 14, 16 ff, 20 ff, 26

Bildnachweis

Bayerischer Jagdverband Fotoaktion 2013: S. 45 (Melanie Althans), 49 oben (Chris. und Rainer Redzich), 77 unten links (Sabine Löffler), 79 oben links (Winfried Kaufer), 85 unten (Armin Joscht), 93 unten (Kathrin Kratz)

Bridgeman Art Library: S. 31

Martin Dort: S. 124 unten links

Fotolia: U4 links, Mitte, S. 5 alle, 8, 11, 13, 17 beide, 19, 21, 22, 27 alle, 29 oben, 34, 35 unten links, 43, 49 unten, 53, 56 beide, 57, 59, 60 beide, 61, 73 beide, 74 alle, 75 beide, 77 oben, unten rechts, 79 oben rechts, unten, 81, 83 beide, 89 beide, 90, 91 alle, 93 oben rechts, 94 beide, 105, 109, 111, 112, 115, 116 alle, 117 oben, 124 oben, unten rechts, 125 beide

Manfred Friedrich: S. 119, 121

Annette Hackbarth: S. 103, 107

Sabine Heüveldop: S. 99

Andrea Ihringer: S. 47, 58

iStockphoto: S. 25

Vanessa Lietzow: S. 87 oben links, unten

Bildagentur Look: S. 7 alle, 39, 110

Stefanie Pfleger: S. 101 alle

Royal Belgian Institute of Natural Sciences – mit freundlicher Genehmigung von Mietje Germonpré: S. 15

Dr. Alessandra Sarti: U1, S. 33 alle, 52, 54, 55, 67, 96, 113, 117 unten

Nicole Schröder: 87 oben rechts

Dr. Angelika Sigl: S. 122, 123

Claudia Träger: U4 rechts, S. 29 unten, 35 oben, unten rechts, 37, 41, 50, 62, 63, 64 beide, 65, 68 oben, unten, 69 alle, 70, 71

Wikimedia: S. 93 oben links (Alfons Diener-Schönberg), 95 (Caroline Granycome)

Zoonar: S. 85 oben (P. Wegner)

ISBN 978-3-86362-046-2

Gestaltung, Bildredaktion und Satz: Christine Paxmann text • konzept • grafik, München

Copyright © 2015 Verlags- und Vertriebsgesellschaft Dort- Hagenhausen Verlag- GmbH & Co. KG, München

Printed in Italy 2015

Verlagswebsite: www.d-hverlag.de